21世纪电子商务技能培训
实战规划教材

短视频拍摄与制作
实训教程

胡龙玉　杨佳佳◎主　编
傅婷婷　卓晓越◎副主编

北京大学出版社
PEKING UNIVERSITY PRESS

内 容 提 要

本书是短视频拍摄与制作方面的实训教程，一切从实际应用出发，结合丰富的实战案例，系统、全面地介绍了短视频拍摄与制作的相关方法与技巧。

本书一共涉及 7 个项目，项目一，主要介绍短视频拍摄的基础知识；项目二，主要讲解短视频的拍摄技法；项目三，主要讲解用单反相机 / 手机拍摄短视频的要点；项目四，主要讲解短视频制作的基础知识；项目五，主要讲解用 Premiere/ 剪映 App 剪辑短视频的方法；项目六，主要讲解用抖音 App 拍摄、编辑与发布短视频的技巧；项目七，主要为短视频拍摄与制作实战指南。每个项目都包含项目导入、学习目标、项目实施、课堂实训等内容版块，帮助读者明确学习目标，熟练掌握每个项目涉及的知识和技能。

本书有很强的针对性和实用性，结构严谨、叙述清晰、内容丰富、通俗易懂，能够切实有效地帮助读者掌握短视频拍摄与制作的相关方法和技巧。本书既可作为短视频从业者学习短视频拍摄与制作的参考书，也可作为高等院校短视频相关课程的教材。

图书在版编目（CIP）数据

短视频拍摄与制作实训教程 / 胡龙玉，杨佳佳主编 . — 北京：北京大学出版社，2024.4
ISBN 978-7-301-34857-4

Ⅰ . ①短… Ⅱ . ①胡… ②杨… Ⅲ . ①视频制作 – 教材②视频编辑软件 – 教材 Ⅳ . ① TN94

中国国家版本馆 CIP 数据核字（2024）第 045487 号

书　　　　名	短视频拍摄与制作实训教程	
	DUANSHIPIN PAISHE YU ZHIZUO SHIXUN JIAOCHENG	
著作责任者	胡龙玉　杨佳佳　主　编	
责任编辑	滕柏文	
标准书号	ISBN 978-7-301-34857-4	
出版发行	北京大学出版社	
地　　　　址	北京市海淀区成府路205号　100871	
网　　　　址	http://www.pup.cn　　新浪微博：@北京大学出版社	
电子邮箱	编辑部 pup7@pup.cn　总编室 zpup@pup.cn	
电　　　　话	邮购部 010-62752015　发行部 010-62750672　编辑部 010-62570390	
印刷者	河北文福旺印刷有限公司	
经销者	新华书店	
	787毫米×1092毫米　16开本　13印张　300千字	
	2024年4月第1版　2024年8月第2次印刷	
印　　　　数	3001–5000册	
定　　　　价	59.00元	

如果您是短视频创作的初学者，本书会成为您操作入门的良师；如果您是短视频创作的中级用户，本书会帮您进一步提高短视频拍摄与制作的水平；如果您是教师、培训师，本书一定会成为让您满意的教材。

本书使用【项目导入】+【学习目标】+【项目实施】+【课堂实训】+【项目评价】+【思政园地】+【课后习题】的结构组织学习。结合短视频拍摄与制作的实际应用，本书共分 7 个项目，包括短视频拍摄的基础知识，短视频的拍摄技法，用单反相机/手机拍摄短视频的要点，短视频制作的基础知识，用 Premiere/剪映 App 剪辑短视频的方法，用抖音 App 拍摄、编辑与发布短视频的技巧，以及短视频拍摄与制作实战指南。

书中的 7 个项目均配有若干课堂实训任务，内容全面、循序渐进、实例典型且实用，可以帮助读者在最短的时间内熟练地掌握短视频拍摄与制作的方法，创作高质量的短视频作品，并体会创作过程的乐趣。

在内容编排上，本书充分体现以实际操作技能为本位的思想，将基础知识与实战操作结合，总结、强化知识要点，帮助读者切实掌握书中介绍的内容。

本书有很强的针对性和实用性，是专为短视频创作者打造的精品实训教程，可以作为短视频拍摄与制作培训班的学习手册。另外，本书还可以作为高等职业院校和大学本科院校相关专业的教材。

阅读本书，您能在轻松、愉快的环境中尽快掌握短视频拍摄与制作的基础操作技巧，因为项目化任务驱动式教学是本书的最大特点。当您在本书的指导下层层深入地完成短视频的拍摄和制作之后，相信您会觉得短视频创作并非高不可攀，甚至在其中发现无数乐趣。如果您读过本书后，认为它真的如编者所说，通俗易懂，就请您向您的朋友们推荐本书吧！

　　感谢您选择了本书。

编　者

目 录
CONTENTS

项目一 **短视频拍摄的基础知识** 1

项目导入 1

学习目标 1

项目实施 2

1.1　认识短视频 2

　　1.1.1　短视频的特点 2

　　1.1.2　短视频的内容要素 3

　　1.1.3　短视频的生产方式 6

　　1.1.4　短视频的创作流程 7

　　1.1.5　短视频创作过程中不可触碰的"雷区" 9

1.2　短视频拍摄的基本流程 9

　　1.2.1　组建拍摄团队 9

　　1.2.2　制订拍摄计划 10

　　1.2.3　准备拍摄器材 10

　　1.2.4　拍摄视频素材 11

1.3　短视频拍摄设备 11

　　1.3.1　常用的拍摄设备 11

　　1.3.2　常用的辅助设备 13

1.4　短视频内容策划要点 17

　　1.4.1　明确短视频内容策划的目的和主题 17

　　1.4.2　编写内容大纲（故事梗概） 18

　　1.4.3　填充内容细节 18

1.5　短视频脚本的编写技巧 19

　　1.5.1　短视频脚本的类型 19

　　1.5.2　编写短视频脚本的要点和公式 21

课堂实训 22

　　任务一　从不同维度入手策划短视频脚本 22

任务二　策划品牌推广类短视频 ………………………………………24

项目评价 ……………………………………………………………25

思政园地 ……………………………………………………………27

课后习题 ……………………………………………………………28

项目

二

短视频的拍摄技法 ·····························29

项目导入 ……………………………………………………………29

学习目标 ……………………………………………………………29

项目实施 ……………………………………………………………30

2.1　认识景别与拍摄角度 ··30

　　2.1.1　景别 ··30

　　2.1.2　拍摄角度 ··33

2.2　短视频常用的布光技法 ··34

　　2.2.1　2 种光源 ··34

　　2.2.2　4 种光位 ··35

　　2.2.3　4 种光质 ··37

2.3　短视频常用的构图手法 ··37

　　2.3.1　对称构图法 ··38

　　2.3.2　九宫格构图法 ··38

　　2.3.3　放射/汇聚构图法 ··39

　　2.3.4　黄金分割构图法 ··39

　　2.3.5　透视构图法 ··40

2.4　镜头的运动方式 ··40

　　2.4.1　推镜头 ··40

　　2.4.2　拉镜头 ··40

　　2.4.3　跟镜头 ··41

　　2.4.4　移镜头 ··42

　　2.4.5　摇镜头 ··42

　　2.4.6　升降镜头 ··43

　　2.4.7　环绕镜头 ··44

　　2.4.8　综合运动镜头 ··44

课堂实训 ……………………………………………………………45

任务一　室内人物短视频的布光 ……………………………………45

任务二　室外人物短视频的布光 ……………………………………46

项目评价 ……………………………………………………………47

思政园地 49

课后习题 49

项目三 用单反相机／手机拍摄短视频 51

项目导入 51

学习目标 51

项目实施 52

3.1 认识单反相机 52

    3.1.1 单反相机的优缺点 52

    3.1.2 单反相机的外部结构 53

    3.1.3 单反相机的镜头类型 56

3.2 单反相机视频拍摄要点 60

    3.2.1 设置视频录制格式和尺寸 61

    3.2.2 设置曝光模式 61

    3.2.3 设置快门速度 62

    3.2.4 设置光圈 63

    3.2.5 设置感光度 63

    3.2.6 调节白平衡 64

    3.2.7 使用手动对焦模式 64

    3.2.8 保证画面稳定 65

3.3 手机视频拍摄要点 66

    3.3.1 防止抖动措施 66

    3.3.2 选择画幅比例 67

    3.3.3 选择视频帧率 68

    3.3.4 选择拍摄模式 69

    3.3.5 选择手动对焦 71

3.4 使用短视频 App 拍摄短视频 72

    3.4.1 使用抖音 App 拍摄短视频 72

    3.4.2 使用快手 App 拍摄短视频 73

    3.4.3 使用美拍 App 拍摄短视频 75

课堂实训 76

    任务一 常见场景的单反相机视频拍摄技巧 76

    任务二 用手机拍摄短视频并上传至抖音 App 77

项目评价 79

思政园地 81

课后习题 82

项目四 短视频制作的基础知识 83

项目导入 83

学习目标 83

项目实施 84

4.1 短视频的制作规范 84

　　4.1.1 短视频的分辨率要求 84

　　4.1.2 短视频的时长要求 84

　　4.1.3 短视频的格式要求 85

4.2 短视频制作的基本步骤 85

　　4.2.1 整理原始素材 85

　　4.2.2 素材剪辑及检验 86

　　4.2.3 添加音乐、字幕、特效 89

　　4.2.4 导出符合要求的短视频 92

4.3 短视频制作的注意事项 93

　　4.3.1 剪辑后情节应重点突出 93

　　4.3.2 配音与背景音乐要烘托气氛 94

　　4.3.3 加上片头片尾更显专业 94

课堂实训 95

　　任务一 制作变声配音，增加趣味性 95

　　任务二 为短视频画面调色 96

项目评价 96

思政园地 98

课后习题 99

项目五 用 Premiere/ 剪映 App 剪辑短视频 101

项目导入 101

学习目标 101

项目实施··102

5.1 用 Premiere 剪辑短视频···102

   5.1.1 新建项目并导入素材···102

   5.1.2 素材的剪切与拼接··106

   5.1.3 为视频片段添加转场效果···110

   5.1.4 添加音频素材···112

   5.1.5 创建并设置字幕···114

   5.1.6 使用"超级键"抠图，更换视频元素······································116

   5.1.7 制作变速视频···120

   5.1.8 为音频降噪，以提高音质···121

5.2 用剪映 App 剪辑短视频···122

   5.2.1 了解剪映 App 的工作页面···122

   5.2.2 视频的基本剪辑···125

   5.2.3 音频处理···128

   5.2.4 视频特效···133

   5.2.5 字幕处理···139

课堂实训··147

   任务一 使用剪映 App 中的"剪同款"功能制作音乐卡点视频······147

   任务二 使用剪映 App 制作卡拉 OK 文字效果·····························148

项目评价··149

思政园地··151

课后习题··152

项目 六 用抖音 App 拍摄、编辑与发布短视频 ················154

项目导入··154

学习目标··154

项目实施··155

6.1 了解抖音 App 的工作页面··155

6.2 抖音 App 中常用的拍摄技巧···157

   6.2.1 设置滤镜进行拍摄··157

   6.2.2 视频的分段拍摄与合成···159

   6.2.3 拍摄变速视频···160

   6.2.4 制作合拍视频···160

6.3 抖音 App 中常用的编辑技巧 ·· 161
　　6.3.1 为短视频添加背景音乐 ·· 162
　　6.3.2 为短视频添加贴纸 ··· 162
课堂实训 ··· 163
　　任务一 将短视频发布到抖音平台 ····································· 163
　　任务二 设置好看的短视频封面 ······································· 164
项目评价 ··· 165
思政园地 ··· 167
课后习题 ··· 168

项目
七

短视频拍摄与制作实战指南 ···········169

项目导入 ··· 169
学习目标 ··· 169
项目实施 ··· 170
7.1 拍摄与制作产品营销类短视频 ·· 170
　　7.1.1 产品营销类短视频的拍摄原则和拍摄要点 ······················· 170
　　7.1.2 产品营销类短视频的制作要领 ································· 175
7.2 拍摄与制作生活记录类短视频（Vlog）································ 176
　　7.2.1 生活记录类短视频（Vlog）的拍摄原则和拍摄要点 ··············· 176
　　7.2.2 生活记录类短视频（Vlog）的制作要领 ························ 180
7.3 拍摄与制作美食类短视频 ·· 180
　　7.3.1 美食类短视频的拍摄原则和拍摄要点 ·························· 181
　　7.3.2 美食类短视频的制作要领 ···································· 186
7.4 拍摄与制作知识技能类短视频 ·· 186
　　7.4.1 知识技能类短视频的拍摄原则和拍摄要点 ······················· 186
　　7.4.2 知识技能类短视频的制作要领 ································· 189
课堂实训 ··· 190
　　任务一 套用模板制作产品营销类短视频 ······························· 190
　　任务二 美食类短视频的脚本创作 ····································· 193
项目评价 ··· 193
思政园地 ··· 196
课后习题 ··· 196

短视频拍摄的基础知识

项目导入

随着移动互联网时代的到来，短视频行业走上了发展的"快车道"，成为新一代互联网风口。作为一种新兴娱乐方式，"刷"短视频不受时间、地点的限制，迅速占据当代网民的"碎片"时间，创造出跨越年龄、跨越地域的强大影响力和极其可观的利润。

短视频正在逐渐成为移动互联网时代信息呈现的主流方式。各类短视频平台如雨后春笋般快速成长、抢占流量，各类企业、机构、达人纷纷涌入短视频行业，希望能够抓住短视频带来的市场红利。短视频是内容传播方式之一，短视频创作者要想通过短视频获利，必须掌握短视频的拍摄与制作方法，全面提高短视频的内容质量，创作出优质的、受大众喜爱的短视频作品。

本项目将为大家详细讲解短视频拍摄的基础知识，包括什么是短视频、短视频的特点及内容生产方式、短视频拍摄的基本流程、短视频拍摄设备、短视频内容策划要点，以及短视频脚本的编写技巧等内容。

学习目标

知识目标

①学生能够说出短视频的特点。

②学生能够说出短视频的内容要素。

③学生能够说出短视频的生产方式。

④学生能够说出短视频的创作流程。

⑤学生能够说出短视频创作过程中不可触碰的"雷区"。

⑥学生能够说出短视频拍摄的基本流程。

⑦学生能够了解短视频拍摄时常用的拍摄设备和辅助设备。

⑧学生能够说出短视频脚本的类型。

能力目标

①学生能够明确短视频内容策划的目的和主题。
②学生能够编写短视频内容大纲，并填充内容细节。
③学生能够掌握编写短视频脚本的要点和公式。

素质目标

①学生具备敏锐的洞察能力。
②学生具备总结归纳能力。
③学生具备独立思考能力和创新能力。
④学生具备较强的实践能力。

项目实施

1.1 认识短视频

　　短视频，指播放时长较短、在各类短视频平台或新媒体平台上播放、适合大众在闲暇时观看、高频率推送的视频。短视频是继文字、图片和传统视频之后，新兴的一种互联网内容传播方式。与电视剧、电影等动辄半小时到数小时不等的播放时长相比，短视频的播放时长较短，能更好地满足现代人"碎片化"的休闲与社交需求。

　　为了让大家更全面地了解短视频，更好地进行短视频内容创作，下面为大家介绍短视频的特点、内容要素、生产方式、创作流程，以及短视频创作过程中不可触碰的"雷区"。

1.1.1 短视频的特点

　　短视频，顾名思义，是播放时长较短的视频。与长视频相比，短视频不仅在播放时长上有压缩，在内容制作方面也有鲜明特色。短视频主要有 4 个特点，如图 1-1 所示。

- 短小精悍：短视频播放时长较短，内容简单明了。短视频的播放时长通常在 15 秒到 1 分钟之间，因为时间有限，所以短视频展示的内容往往是精华。在如今快节奏的生活中，短视频能够帮助人们更加高效地获取信息。
- 内容新奇丰富：相较于文字、图片、传统长视频，短视频可

图 1-1　短视频的特点

2

以用最快的方式传达更多的、更直观的、更立体的信息，表现形式也更加丰富，能够满足当前受众个性化、多元化的内容需求。

- 互动性强：短视频的传播力度大、传播范围广、互动性强，为众多用户的内容创造和分享提供了便捷的传播通道。用户能够对短视频作品进行点赞、评论和分享，与此同时，创作者可以对评论、私信进行回复，大大提高了双方的互动性。
- 制作门槛低：目前，大部分短视频软件有添加特效、滤镜并进行编辑、剪辑等功能，拍摄和制作短视频很方便，也很简单。大多数短视频作品只需要一个人和一部手机就能够完成，并且能随拍随传，随时分享，大大降低了制作门槛，节省了传播成本。

以上 4 个特点是短视频迅速火爆的重要原因，也是短视频的商业价值脱颖而出的重要基石。

1.1.2 短视频的内容要素

要想创作优质的短视频作品，需要对短视频的内容要素加以了解。短视频的内容要素主要包括图像、字幕、声音、特效、描述、评论，如图 1-2 所示。

图 1-2 短视频的内容要素

1. 图像

图像可以理解为拍摄工作完成后得到的影像成品，品质越高的短视频对画面效果的要求越高。我们主要从观赏性、层次感和专业度 3 个方面入手判断图像品质的优劣，如图 1-3 所示。

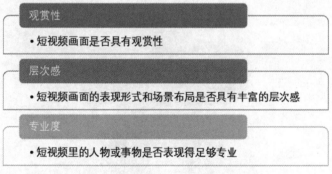

观赏性
•短视频画面是否具有观赏性

层次感
•短视频画面的表现形式和场景布局是否具有丰富的层次感

专业度
•短视频里的人物或事物是否表现得足够专业

图 1-3 判断图像品质优劣的 3 个标准

2. 字幕

字幕的主要作用是让用户清楚地知道短视频中人物的对话和语言表达内容。除此之外，字幕还有一个很重要的作用，即提醒用户短视频内容的关键点是什么。将短视频内容的几个关键点用字幕的形式突出显示，不仅可以更好地把控短视频的节奏，还能加深用户对短视频内容的印象。

例如，常见的美食教学类短视频通常会使用字幕显示配料表和菜品的关键烹饪步骤，让用户在观看短视频的时候能够更好地掌握短视频中菜品的烹饪方法，如图 1-4 所示。

图 1-4　使用字幕显示配料表和菜品的关键烹饪步骤

3. 声音

声音是短视频的灵魂，短视频的声音包含旁白、人物自述、人物对话、背景音乐和特效音乐，如图 1-5 所示。想处理好短视频的声音，不仅需要注意人物语调的抑扬顿挫和语气的感染力，还需要把握好背景音乐的情绪感染力。

图 1-5　短视频声音的组成部分

4. 特效

当剧情突然反转或者关键词字幕出现时，往往需要通过一些特效处理，提高用户对短视频的关注度。很多短视频平台会为用户提供丰富、新奇的特效道具，短视频创作者可以使用这些特效道具制作各种有趣的创意短视频。抖音 App 中的部分特效道具如图 1-6 所示。

例如，某短视频作品中，创作者使用了抖音 App 中的热门特效道具"卡通脸"，点赞量高达 260 余万，如图 1-7 所示。

图 1-6　抖音App中的部分特效道具

图 1-7　某短视频作品中使用了特效道具

> **提示** 特效的出现要贴合剧情的发展，比如短视频画风从悲伤反转为开心快乐时，可以配上一段掌声特效或者欢快的音乐特效。

5. 描述

短视频作品中的内容描述相当于一段内容简介，简要地为用户概述短视频的主要内容，具有引导观看的作用。要想写好短视频作品的内容描述，应该从以下 3 点入手。

（1）吸引力

短视频作品的内容描述一定要有吸引力，就像一些图文创作者常常利用引人注目的标题吸引读者阅读图文内容一样。例如，抖音平台上某条短视频作品的内容描述为"美容仪就服它！超大头高配置一台顶三台！熨脸就是嘎嘎快！"，如图 1-8 所示。虽然一看该描述就知道是在"种草"一款美容仪产品，但很多用户会不自觉地被勾起好奇心，想要一探究竟，看看什么样的美容仪产品这么好用，值得短视频创作者大力推荐。

（2）互动性

撰写短视频内容描述时，创作者要考虑短视频作品的互动性，尽可能地撰写一些互动性较强的描述，引导用户参与互动。比如，在内容描述中提出一个问题，引导用户在评论区回答问题，以此促进短视频评论数与点击率的提升，如图 1-9 所示。

（3）代入感

一条图像效果普通的短视频作品，很可能凭借一段代入感强的内容描述引发无数用户关注和评论。例如，抖音平台上一条关于母爱的短视频作品的内容描述为"她总是让我忘了，她也是第一次做我的妈妈。"，如图 1-10 所示。这段内容描述很容易让人产生代入感，想起自己的母亲，从而产生情感共鸣。

图 1-8　有吸引力的内容描述示例　　图 1-9　互动性强的内容描述示例　　图 1-10　代入感强的内容描述示例

6. 评论

短视频的评论代表了用户对短视频内容的看法和态度，虽然短视频创作者不能直接控制用户对自己的短视频作品发布的评论，但可以通过图像、字幕、声音、描述等内容设计、引导评论的方向。

短视频创作者可以在短视频内容中抛出作品评论方向，引导用户发表评论，增加短视频的曝光率与点击率。需要注意的是，用户发表评论后，创作者一定要记得及时进行回评，以增强和用户之间的互动。例如，抖音平台上某条短视频作品的用户评论和作者回评（与短视频内容有关）如图 1-11 所示。

1.1.3　短视频的生产方式

根据创作者的专业程度，短视频的生产方式可以分为 3 种类型，分别是 UGC（User Generated Content，用户生产内容）、PGC（Professional Generated Content，专业生产内容）和 PUGC（Professional User Generated Content，专业用户生产内容）。

图 1-11　短视频作品中的
用户评论和作者回评

- UGC 指用户将自己生产的内容通过网络平台进行传播。UGC 短
  视频生产方式的生产门槛很低，一部智能手机便能让普通用户成
  为内容生产者。UGC 内容来源丰富，内容多样，以日常生活分享和个人才艺展示为主。抖音、
  快手等短视频平台中的大部分作品，以及微博上的内容分享等，是 UGC 的主要应用形式。

- PGC指专业机构和团队将所生产的内容通过网络平台进行传播。相较于UGC，PGC制作门槛较高，内容需要由专业视频创作团队打造，强调编辑推荐与算法分发模式的结合。
- PUGC指平台专业用户将所生产的内容通过网络平台进行传播。专业用户通常指拥有一定粉丝基础和专业知识的网红、达人、明星等。PUGC具备UGC与PGC的优势，所制作的内容多元化与专业化兼备。

随着资本的增加和市场的不断扩大，垂直领域的内容被深度挖掘，短视频行业中出现了很多新的内容生产方式，如MCN（Multi-Channel Network，多频道网络的产品形态）、OGC（Occupationally-generated Content，职业化生产内容）、EOM（Enterprise Owned-Media，企业自有媒体）等，短视频创作者可按需尝试。

1.1.4 短视频的创作流程

想尝试短视频创作，很简单，但是想创作出深受用户喜爱的短视频作品，创作者需要下一番功夫，认真钻研短视频创作的各种技巧。下面带大家了解短视频的创作流程，大致分为3个步骤，如图1-12所示。

图1-12 短视频的创作流程

1. 内容策划

进行短视频内容策划时，创作者要先根据自身的资源和特长、市场需求，以及运营目的对短视频账号进行准确定位，再根据账号定位确定该账号所要发布的内容。比如，抖音账号"手机摄影构图大全"定位为手机摄影构图类账号，发布的短视频内容都与手机摄影构图相关。

另外，短视频内容策划应该从热门和可持续这两个角度出发，保证当下产出的内容是受市场欢迎的，有一定数量的受众，而且内容可以持续运营，能够保证长期的粉丝黏性。目前，短视频领域受欢迎的、存在持续发展空间的内容主要有以下6种类型。

（1）搞笑类

对当下热门的几个短视频平台进行分析后，不难发现，不管短视频的内容如何更新换代，平台如何变换，搞笑类短视频一直占据着十分重要的位置，甚至可以说大部分短视频内容与搞笑类内容有着千丝万缕的联系。这种情况的出现有着独特的内在原因：随着社会节奏日益加快，人们承受的压力越来越大，搞笑类内容能给人们带来快乐，调节人们的心情，起到舒缓压力的作用。

（2）教程类

教程类短视频涵盖范围比较广，美妆教程短视频、穿搭教程短视频、美食制作教程短视频、软件技能教程短视频等，都属于教程类短视频。这类短视频通常以独到的经验与逐步分解、简单易学的步骤为内核，能让观看短视频的用户在短时间内掌握一项知识或一门技艺。据相关统计数据，教程类短视频在各个短视频平台上的搜索量呈逐年上升趋势。

（3）评测类

评测类短视频在各大短视频平台上拥有十分庞大的受众基础，美妆评测短视频、美食评测短视频、电子产品评测短视频、游戏评测短视频等，都能通过展示某款商品在购买、功能、服务等方面的体验过程与结果，满足用户不花一分钱就"提前体验"的需求。据相关统计数据，绝大多数用户在购买某款商品，特别是购买金额较高的商品前，会先在网上查看一下与该商品相关的评测信息。评测类短视频因此而生，也因此而盛。

（4）Vlog 类

Vlog是video blog 或 video log的缩写，意思是视频记录、视频博客、视频网络日志。Vlog是记录创作者所见所闻、日常生活的短视频，展示了创作者的生活态度，极具风格，能吸引偏爱这类分享的用户，拉近用户与创作者的心理距离，满足用户对于不同类型生活的好奇心与向往。目前，Vlog类短视频的内容范围正在不断扩大，喜爱Vlog类短视频的用户也越来越多。

（5）解说类

解说类短视频中，最为大众所熟知的要数影视作品解说短视频了，此外，游戏解说短视频、体育赛事解说短视频等解说类短视频也拥有一批忠实用户。影视作品解说短视频之所以最为大众所熟知，是因为它的存在可以让用户提前了解一部电影或影视剧的主要内容、精彩之处，帮用户判定目标影视作品是否值得一看。同时，对于个人空闲时间较少的上班族等人群来说，解说类短视频可以让他们在短时间内迅速"看完"一部电影、一场比赛。

（6）游戏类

游戏类短视频的受众群体主要为男性用户。目前，游戏直播、游戏评测、游戏音乐等，都是吸引这部分群体持续关注短视频账号和作品的"利器"。近年来，出现了很多爆款游戏，这些游戏的受众群体大，且其受众的消费能力高，如果短视频创作者刚好是相关领域的资深玩家，可以选择在游戏类短视频内容中深耕。

2. 短视频拍摄

策划好短视频内容后，即可进入短视频拍摄阶段。只有将策划好的短视频内容通过镜头加以呈现，才能体现内容的价值，吸引更多用户的关注。

对于初级创作者来说，简单地使用智能手机拍摄短视频即可。如果想让自己创作的短视频作品更专业，创作者也可以选择使用单反相机或摄像机进行短视频拍摄。不过，这意味着需要投入更多的经费。创作者可以根据自己的实际情况进行选择。

另外，拍摄短视频时，需要关注画面、光线、背景等要素。比如，背景清爽的短视频作品往往更容易获得用户的喜爱。

3. 后期制作与剪辑

短视频拍摄完毕，就进入了短视频后期制作与剪辑阶段。在这个阶段，创作者可以使用一些专业工具对短视频作品进行剪辑、配音，并添加字幕，使短视频作品呈现更好的效果。常用的短视频后期制作与剪辑工具有Premiere、爱剪切、会声会影、剪映App、巧影App、小影App等。

1.1.5 短视频创作过程中不可触碰的"雷区"

短视频是个人或团队向大众进行内容传递的媒介手段之一，承担着文化传播的作用，因此，虽然短视频在内容上百花齐放，但在内容创作方面并不是百无禁忌的。下面我们一起来看看短视频创作过程中不可触碰的"雷区"有哪些。

1. 法律"雷区"

运营短视频账号作为一种盈利手段，受到法律法规的限制。个人或企业进行短视频内容策划、拍摄时，都需要遵守相关的法律法规，千万不能触碰法律红线。刚进入短视频行业的新手需要尤其谨慎，某些行为即使看起来并非"大凶大恶"，也可能是触犯国家法律法规的。例如，在短视频作品中恶搞人民币、篡改国歌、涂鸦国旗、穿着军警制服拍摄等。一旦出现这些违法违规行为，不仅短视频作品无法通过平台审核，短视频创作者还需要承担相应的法律责任。

2. 道德"雷区"

短视频行业的风气是在发展过程中不断净化的，在其萌芽阶段，也曾出现以猎奇行为与"边缘化"行为为主要内容的短视频。目前，各短视频平台的审核机制不断完善，这类短视频作品已经无法通过严格的审核了。新入行的创作者要坚守道德底线，做到不发布涉及他人隐私或含有虚假消息的短视频作品。另外，含有未经验证的治病偏方等科学性存疑的短视频作品最好也不要发布。

3. 平台"雷区"

除了不能触碰法律与道德的底线，也不能违反平台的相关规定。如果短视频创作者违反平台规定，可能导致账号权重降低或封号等严重后果。不同平台的具体规定不尽相同，但"不能出现硬广告""不能盗用、抄袭他人的短视频作品"等规定普遍存在。短视频创作者要坚持原创，输出高质量的短视频内容。

1.2 短视频拍摄的基本流程

短视频拍摄并不是随意用手机拍就可以，拍摄高质量的短视频作品需要提前组建短视频拍摄团队，并根据短视频的拍摄主题策划脚本、购买拍摄器材、搭建摄影棚等。综合而言，短视频拍摄的基本流程如图 1-13 所示。

1.2.1 组建拍摄团队

优秀的拍摄团队是短视频创作最基本的保障力量。短视频拍摄团队主要由编导、摄像、剪辑等岗位的人员组成，这些人员各司其职，以保证短视频的创作质量。

图 1-13 短视频拍摄的基本流程

1. 编导人员

编导人员是短视频拍摄团队的总负责人，需要统筹指导整个团队的工作，如按照短视频账号的定位确定内容风格、策划视频脚本、确定拍摄计划、挑选演员、督促拍摄等。编导人员通常需要拥有非常丰富的短视频创作经验，这样才能在面对拍摄过程中出现的各种情况时做到心中有数、应付自如。同时，编导人员应该具备创意思维，使得创作的短视频内容新颖、有趣，能够吸引大量的用户。

2. 摄像人员

摄像人员需要根据编导人员的安排完成短视频拍摄任务，使用镜头语言呈现短视频内容。优秀的摄像人员不仅能完美地按照短视频脚本进行拍摄，节约大量制作成本，还能给剪辑人员留下优质的原始素材，让短视频作品更加完整。此外，摄像人员还要完成与摄像相关的准备工作，如按照脚本准备道具等。

3. 剪辑人员

剪辑人员主要负责挑选、整理和组合拍摄完成的短视频素材，并使用后期编辑软件对短视频作品进行配乐、配音、加特效等方面的处理。剪辑人员的工作重点在于重组拍摄素材的精华部分，凸显短视频的主题思想，打造更好的视频效果。

> **提示** 剧情类短视频的拍摄还需要提前挑选演员。演员需要根据角色特点和脚本内容，配合编导人员和摄像人员完成短视频拍摄。当然，也有许多刚入门的短视频创作者，一个人承担了编导、摄像、剪辑等多个岗位的工作。

1.2.2 制订拍摄计划

古人云，不打无准备之仗。在进行短视频拍摄之前，要制定拍摄计划，按照拍摄计划合理推进拍摄工作。特别是在策划短视频脚本、挑选演员等方面，必须提前做好准备。

明确短视频的拍摄内容及拍摄主题可以说是后期所有环节的基础。策划短视频脚本时要注意，内容要满足用户需求、直击用户心灵、引起用户共鸣；台词设定要符合角色性格，最好有一定的爆发力和内涵。

脚本策划好以后，就要选择适合出镜的演员了。对于优质的短视频作品而言，演员形象要和角色定位一致，如果一味地追求俊男美女出镜，反倒有可能拉低作品的品位。如果是创作者自导自演的短视频，或是图文类短视频，可以忽略该步骤。

1.2.3 准备拍摄器材

正所谓"工欲善其事，必先利其器"，在拍摄短视频之前，创作者需要提前准备合适的拍摄器材，让自己的短视频拍摄过程更加顺利、高效。对拍摄器材和设备的选择将在后续内容中进行详细讲解。

对于需要在棚内拍摄的短视频团队来说，搭建摄影棚非常重要。摄影棚的装修设计需要考虑脚本内容的主题，道具的安排必须紧凑，避免不必要的空间浪费。如果短视频主要是实地取景，不需要搭建摄影棚，但是在拍摄之前，要对拍摄地点进行勘察，找到更适合目标短视频拍摄的地方。

1.2.4 拍摄视频素材

拍摄视频素材是全流程中的重要执行阶段，脚本内容的呈现效果如何，取决于这个阶段的完成度如何，因此，这个阶段非常重要。拍摄视频素材时需要注意的事项有以下几点。

- 工作人员要熟悉拍摄内容，做好拍摄准备。
- 尽量静音拍摄，以确保录音质量。如果无法静音拍摄，可以借助麦克风等工具优化录音质量。
- 拍摄环境的光线要充足，使得拍摄对象清晰可见，避免画面灰暗。
- 根据拍摄计划拍摄，避免浪费不必要的时间。
- 如果是拍摄脱口秀类短视频或需要说台词的短视频，演员需要先练好台词。
- 出镜演员要先演练剧本内容，再进行拍摄，力求拍摄过程流畅。
- 摄像人员要熟悉拍摄器材的功能，确保摄影器材能够正常使用。

拍摄视频素材时做到上述几点，拍摄出来的短视频作品基本上会有比较理想的效果。视频素材拍摄完成之后，还要进行视频制作与剪辑，以保证视频画面、音乐、字幕等信息最优化。

1.3 短视频拍摄设备

想要创作优质的短视频作品，创作者需要熟悉短视频的拍摄设备，并根据自己的实际情况合理购置拍摄设备。下面为大家介绍短视频拍摄常用的拍摄设备和辅助设备。

1.3.1 常用的拍摄设备

短视频拍摄设备的选择范围非常广，创作者主要从专业度和预算两个角度出发进行选择即可。下面为大家介绍 3 种常用的短视频拍摄设备。

1. 手机

手机是常用拍摄设备中最轻便、易携带的设备。目前，市面上大部分新款智能手机的像素很高，仅使用手机自带的相机功能，就可以拍出一段合格的短视频。

手机拍摄的优点十分明显，但其缺点也是显而易见的。手机拍摄短视频的优缺点如下。

优点：小巧轻便，有美颜、滤镜等功能，续航能力强。

缺点：镜头能力弱，成像芯片差，对光线与稳定性要求高。

> 提示 "镜头能力弱"指虽然目前手机镜头的分辨率普遍在1000万像素以上，但是手机采用的是数码变焦技术，想要放大远处的物体，全靠拍摄者移动机身，如果在手机中直接放大远处物体，会造成清晰度的降低，图像效果较差。

虽然手机在成像效果方面存在一些不足，但它依然是最适合短视频新手创作者的拍摄器材。

2. 相机

除了手机，常用的短视频拍摄设备还有相机。相机也是很多创作者拍摄短视频的选择，常用的有微单相机和单反相机，它们的区别见表 1-1。

表 1-1　微单相机和单反相机的区别

对比项	微单相机	单反相机
价格	价格较便宜，市面上 4000 元左右的微单相机拍摄出来的画面效果就非常好	价格较高，目前市面上的单反相机的价格普遍在 5000 元以上
性能	与单反相机相比，功能较少，画质略为逊色	与微单相机相比，功能更多，画质更好
便携性	体形小巧，方便携带	与微单相机相比，机型较大，携带略有不便
适用人群	想要改进短视频画质但预算有限的人群	对短视频画质和后期的要求较高、短视频作品需要面对更多用户、有接商业广告的需求的人群

> 💡提示　值得注意的是，虽然相机有视频录制功能，但绝大多数时候被用于先拍摄静态照片，再将照片添加到短视频中。因此，大多数人购买相机，主要考虑其拍照性能。在相机产品中，不乏拍照性能与录像性能俱佳的产品，而且随着短视频拍摄需求的增加，相机的拍摄功能的更新迭代也在加速。

3. 摄像机

除了手机和相机，部分短视频创作者会使用更专业的摄像机来拍摄短视频。摄像机一般分为业务级摄像机和DV摄像机两种。

业务级摄像机是专业水平的视频拍摄工具，常用于新闻采访或者会议等大型活动的拍摄。虽然业务级摄像机体型巨大，不如手机轻便易携，且创作者很难长时间手持或者肩扛，但是其专业性是无可比拟的。业务级摄像机有独立的光圈、快门、白平衡等设置，拍摄的画面清晰度很高，且电池蓄电量大，可以长时间使用，自身散热能力也强，当然，价格也比较贵。常用的业务级摄像机如图 1-14 所示。

DV摄像机的设计初衷就是拍摄短视频，它体积较小，重量较轻，镜头附近有专门固定手部的设计，不会对创作者造成过大的负担，非常适合家庭旅游或者小型活动拍摄使用。DV摄像机拍摄的画面清晰度比较高，但防抖效果有限。DV摄像机能外接麦克风、镜头、补光灯等设备，弥补自身能力的不足。常用的DV摄像机如图 1-15 所示。

图 1-14　业务级摄像机

图 1-15　DV 摄像机

业务级摄像机与 DV 摄像机在价格、成像效果、便携性等方面的区别见表 1-2。

表 1-2　业务级摄像机和 DV 摄像机的区别

对比项	业务级摄像机	DV 摄像机
价格	根据性能和品牌的差异，价格浮动区间大，但与 DV 摄像机相比，业务级摄像机普遍较贵	根据性能和品牌的差异，价格浮动区间大，但与业务级摄像机相比，DV 摄像机的价格普遍略低
成像效果	业务级摄像机的成像效果普遍优于 DV 摄像机	性能高的 DV 摄像机的成像效果能够媲美业务级摄像机
便携性	体型较大，较为笨重，不易携带	体型小巧，便于携带

1.3.2　常用的辅助设备

在拍摄短视频的过程中，为了优化拍摄效果，提高工作效率，需要用到一些辅助设备，如防止画面抖动的三脚架、自拍杆和稳定器；增加视频动态感的滑轨；拍摄有鸟瞰镜头的大气视频的无人机等。下面为大家介绍几种常用的短视频辅助拍摄设备。

1. 三脚架

三脚架是用途广泛的辅助拍摄设备，无论是使用智能手机、单反相机，还是使用摄像机拍摄短视频，都可以用它进行固定。三脚架的 3 只脚管与地面接触后，可以形成一个稳定的结构，与伸缩调节功能结合，可以将拍摄设备固定在绝大多数理想的拍摄位置。常用的三脚架如图 1-16 所示。

图 1-16　三脚架

三脚架有两个关键选择要素：稳定性、轻便性。可用于制作三脚架的材料多种多样，包括高强塑料、合金材料、钢铁材料、碳纤维材料等。使用较为轻便的材料制成的三脚架更加便于携带，适合需要辗转不同地点进行拍摄的创作者使用。在风力较大或是放置底面不平的情况下，可以制作沙袋或是用其他重物进行捆绑固定，维持其稳定性。常在固定场景拍摄短视频的创作者，可以选用重量较大的三脚架。

2. 自拍杆

除了三脚架，自拍杆也是短视频拍摄过程中常用的辅助拍摄设备，使用它相当于延长了创作者的手臂，增大了可拍摄的面积，部分自带遥控器的自拍杆甚至能帮助创作者完成多角度拍摄。常用的自拍杆如图 1-17 所示。

图 1-17　自拍杆

手持自拍杆进行拍摄时，由于自拍杆长度较长，创作者只能手持一端进行拍摄，画面稳定性难以保证。新一代自拍杆除了能手持拍摄，还增加了"三脚架"功能，可以在一定程度上解放创作者的双手。但由于材质与长度问题，自拍杆仍然存在一定局限性，无法完全取代三脚架。

图 1-18　手持云台

3. 稳定器

当创作者需要拍摄一位玩滑板的少女时，手持手机或相机追着少女进行不同角度的拍摄，拍摄出来的画面都必然有不停抖动的情况。为了解决拍摄这类场景时的设备稳定性问题，稳定器应运而生。

目前市面上最常见的稳定器是手持云台，它主要应用于户外短视频拍摄和户外直播，可以保证运动画面的稳定。如果创作者需要变换拍摄场景，或者需要走动拍摄，可以使用手持云台来保证拍摄设备的稳定。常用的手持云台如图 1-18 所示。

4. 滑轨

拍摄静态的人或物时，使用滑轨进行移动拍摄可以实现动态的视频效果。拍摄外景时，使用轨道车进行拍摄，能使拍摄画面平稳流畅。

目前市面上的摄像滑轨主要有两种类型，手动摄像滑轨和电动摄像滑轨。手动摄像滑轨的操作十分简单，只需要用手轻轻推动摄像设备就可以完成拍摄，电动摄像滑轨的使用主要是通过手机连接指定 App 控制摄像设备的移动。常用的滑轨如图 1-19 所示。

图 1-19　滑轨

5.无人机

无人机比较适合用于拍摄极为壮丽的自然风光，给人带来强烈的视觉震撼。剧情类短视频作品中的大远景也可以用无人机拍摄，以便清楚地交代故事背景。常用的无人机如图 1-20 所示。

图 1-20　无人机

> **提示** 使用无人机拍摄短视频时，创作者需要注意不要在禁止无人机飞行的城市上空放飞无人机，以及不要让无人机靠近居民住宅楼，以免侵犯他人隐私。

6.麦克风

短视频作品的视觉效果受多方面因素的影响，创作者除了要关注作品的画面效果，还要关注作品的音频质量。用手机或相机拍摄短视频时，距离的不同可能会导致声音忽大忽小，如果在噪声较大的室外拍摄，需要借助麦克风来提升短视频音频的质量。麦克风是决定短视频音频质量的专业工具，有很强的适配性，可以与任意一种拍摄设备结合，有线与无线两种连接方式让其在使用时不受拍摄设备的限制。短视频拍摄过程中最常用到的是无线领夹麦克风，如图 1-21 所示。

图 1-21　无线领夹麦克风

不同场景的短视频拍摄，应选用不同类型的麦克风。比如，拍摄旅行花絮类短视频，可以选用轻便易携带的指向性麦克风，它可以录入 1 米范围内的海浪声、风声和人声；拍摄街头采访类短视频，可以选用直接连接相机的线控麦克风；拍摄带解说的美食类短视频，可以选用无线领夹式麦克风，它能有效降低环境声音干扰，突出人声，连吃面条的声音都可以被清晰地收录，同时，它有 100 米范围内无线录音的功能，为拍摄提高灵活度。创作者可以根据自身的需要选择中意的麦克风。

7.布光设备

光线是决定短视频画面质感的重要因素，在短视频拍摄过程中，无论是室内场景拍摄，还是室外场景拍摄，控制好光线，营造一个合适的拍摄环境，都是十分重要的事。通常，创作者可以使用补光灯、反光布、遮光板这 3 种辅助拍摄设备控制短视频拍摄时的光线。

短视频拍摄与制作实训教程

（1）补光灯

补光灯是室内拍摄的必备设备之一，它可以固定在拍摄设备上方，对拍摄对象进行光线补充。拍摄人物短视频时，补光灯可以使人物脸部的光线明亮且变化均匀，不会出现阴影。有些补光灯还有美颜效果，可以提升人物的形象气质。补光灯有多种类型，使用较多的是环形补光灯，如图1-22所示。

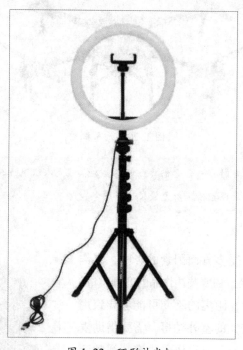

图 1-22　环形补光灯

（2）反光布

反光布可以反射光线，为拍摄对象补充欠光部位的曝光量，使拍摄对象看起来更加立体，同时避免画面出现光亮分布不均的情况。

反光布有银色、金色、黑色、白色4种颜色，外加柔光布，共5种类型，如图1-23所示。银色反光布是比较常用的反光布，阴天使用补光效果很不错，如果拍摄对象为人物，使用银色反光布可以使拍摄对象的眼睛看起来更有神；金色反光布常用于日光拍摄，因为产生的光线色调较暖，常作为主光使用；黑色反光布也称"减光布"，一般放置在拍摄对象的顶部，减少顶光，作用等同于遮光板；白色反光布一般用于对阴影部分的细节进行补光，凸显阴影部分的细节；柔光布适用于在太阳光下或直射灯光下柔和光线，降低反差。

图 1-23　反光布

16

（3）**遮光板**

遮光板的主要作用是防止有害光线射入镜头，影响拍摄效果。常用的遮光板如图 1-24 所示。目前，市面上的遮光板大多与反光布合二为一，即反光布的反面是可以遮光的遮光板。

图 1-24　遮光板

1.4　短视频内容策划要点

短视频内容策划是将前期的选题和零碎的创意转化为具体的实施方案，为短视频的拍摄和后期处理提供蓝图。优质的短视频内容策划能够使最终呈现出来的短视频作品更加完整，更具特色，获得更多用户的认可和喜爱。

1.4.1　明确短视频内容策划的目的和主题

有的放矢才能事半功倍，在正式创作短视频作品之前，创作者需要明确策划短视频内容的目的，即账号通过什么样的路径实现变现。例如，有的账号直接以"种草号"的形式出现，慢慢提高带货的数量；有的账号以内容为主，先通过短视频内容吸引到足够多的粉丝，再进行变现；有的账号以打造个人 IP 为核心，逐渐提升知名度，实现后期转化。

目的不同的短视频账号，内容的策划方向是不同的，创作者需要明确自身账号发布短视频的目的，到底是带货、宣传个人 IP，还是二者结合，抑或是其他，才能策划出精准、优质的内容。

明确发布短视频的目的后，创作者还需要为单个短视频明确选题方向，进而确定最终主题。这个主题要能让用户产生观看兴趣，后期，创作者将根据这个主题创作直击用户痛点、调动用户情绪的短视频内容。

> **提示** 需要注意的是，同一短视频账号的内容所属领域要保持垂直，主题与主题之间的差别不能过大。创作者需要在确定选题方向后不断深耕，创作出符合受众群体的需要与审美的优质短视频内容。

1.4.2 编写内容大纲（故事梗概）

编写短视频的内容大纲，相当于为短视频搭建基本的框架，像讲故事一样，将故事梗概描绘出来。确定短视频的基本主题后，就要开始编写内容大纲了。

创作者需要根据短视频内容策划的目的和主题，将短视频的核心内容以文字的形式记录下来，这个核心内容通常包含角色、场景、事件三大基本要素。例如，"一位年轻的女性到化妆品专柜购买粉底液"就是一个包含了三大基本要素的故事核心，其中，主要角色是年轻的女性，场景是化妆品专柜，事件是购买粉底液。

大家应该发现了，上述案例中的故事给人的感觉是平平无奇，如果将其拍摄成短视频，明显缺少吸引用户观看的亮点。由此可见，对于短视频的内容大纲，创作者需要在有限的文字内设计反转、冲突等比较有亮点的情节，增强故事性，引起用户的共鸣，从而突出主题。

以上述案例为基础，尝试对它进行优化。例如，可以将上述案例扩写为"一位年轻的女性来到化妆品专柜购买粉底液，柜姐见这名女性穿着朴素，认为对方没有足够的消费能力购买产品，所以服务态度十分恶劣。离开前，年轻女性亮出身份，表明自己是品牌总部派来的内部监察人员，并给了柜姐一个很低的评分"。

添加情节后，内容就饱满了，有了情绪上的起承转合，也有了能够吸引用户的亮点。

1.4.3 填充内容细节

都说"细节决定成败"，短视频创作也是如此。在短视频平台上，有很多故事大纲相似的短视频作品，它们之间的差别往往在于细节是否生动。

具备完整的大纲后，短视频创作者需要对大纲进行内容细节上的丰富和完善。内容细节主要指人设、台词、动作、镜头表现等，主要细节的具体含义如下。

- 人设：设定大致的故事情节后，需要确立人物更加具体的形象。在文本上，人设的具体体现是角色的性格关键词、角色出场时的穿着打扮等。
- 台词：内容大纲中的所有角色出场后，都需要用语言对剧情进行推进。台词除了有推进剧情的作用，也有强化不同角色的具体性格的作用。
- 动作：小到角色在某台词说完后翻了一个白眼，大到角色之间的动作交互，都是填充内容细节不可缺少的部分。

填充内容细节可以增强视频画面的表现力，使人物更加丰满。在人设、台词、动作都确定后，考虑清楚使用哪种镜头进行呈现是至关重要的一步，短视频创作者应当在脑海中构想出具体画面。例如，拍摄年轻的女性到化妆品专柜购买粉底液这一短视频作品，短视频的开头应该以何种方式切入就涉及镜头表达的问题，创作者需要思考到底是应该以角色的视角（如拍摄年轻的女性在商场中行走的画面）切入，还是应该以地点的视角（如拍摄柜姐在柜台里百无聊赖的画面）切入。

将具体的镜头落实到文本中，就形成了短视频脚本。建议新手创作者多动笔，将具体的策划内容以文字的形式呈现，做到有章可循的同时，不断优化、提高策划能力。

1.5 短视频脚本的编写技巧

脚本是短视频的文字化表达，是短视频故事的最初体现，是演员理解故事的入口，也是编导人员与摄影人员沟通的桥梁。编写优质的短视频脚本是短视频创作者的基本功之一。短视频脚本不一定要文字优美，但一定要重点突出、场景要素齐全、便于理解。有时，短视频拍摄的最终效果如何，是由脚本的质量决定的。

1.5.1 短视频脚本的类型

短视频脚本有 3 种类型，分别是拍摄提纲、文学脚本、分镜头脚本，如图 1-25 所示。它们都起着搭建故事框架的作用，但不同类型的脚本在不同的拍摄场景中有不同的优点。其中，拍摄提纲在拍摄过程中起着提纲挈领的作用，十分适合采访类短视频；文学脚本更适合指导镜头展示特定场景；分镜头脚本要素齐全，会对短视频拍摄过程中的每一个镜头进行具体的描述，一目了然，十分清晰。下面对 3 种不同类型的脚本进行具体介绍。

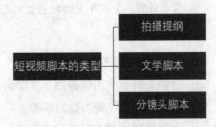

图 1-25 短视频脚本的类型

1. 拍摄提纲

拍摄提纲是短视频内容的基本框架，用于提示各个拍摄要点。拍摄新闻纪录片或采访短视频时，拍摄走向是创作者无法预知的，所以，创作者需要根据拍摄要点制定拍摄提纲，方便在拍摄现场做灵活处理。拍摄提纲的组成要素如下。

- 作品选题：明确主题立意和创作方向、创作目标。
- 作品视角：明确选题角度和切入点。
- 作品体裁：明确体裁，因为体裁不同，创作要求、创作手法、表现技巧和选材标准也不同。
- 作品风格：明确作品风格、画面呈现重点和节奏。
- 作品内容：明确拍摄内容，因为拍摄内容能体现作品主题、视角和场景的衔接转换，让创作人员清晰地明白作品的拍摄要点。

拍摄提纲相当于为拍摄圈出一个大的范围，并确定几个关键要点，后期拍摄过程中不出现大方向上的偏差即可。建议初入短视频领域的创作者，特别是文学功底比较薄弱的创作者，从编写拍摄提纲入手，逐步进阶为编写文学脚本或分镜头脚本。

2. 文学脚本

文学脚本需要写出所有可控的拍摄思路。比如，在进行小说等文学作品的影视化时，根据文学脚本，镜头语言能够更准确地展示内容。在短视频领域，许多短视频创作者会使用文学脚本展示短视频的调性，同时用分镜头把控短视频的节奏。下面是一个简化了形式的文学脚本范例。

①（画面淡入，远景俯拍）某医院门口，记者与围观群众围了一圈，争先恐后地按下快门，闪光灯此起彼伏。数名医院保安与看起来像是专业保镖的壮汉们一起挡着激动的人群，在身后留出一

块难得的空地。一名年轻男子推着一名穿着病号服、坐在轮椅上的男子缓缓出现在医院门口。

②（中景）一个怀中抱着一大捧花束的女孩面色苍白、楚楚可怜，正在试图说服保安与保镖，让自己靠近两名刚出现的男子。

③（中景）站立着的年轻男子看着眼前的场景，皱起了眉头。坐轮椅的男子好像认出了女孩，微笑着拍了拍年轻男子握着轮椅把手的手，说："没关系，让她过来吧。"

④（全景）女孩捧着花慢慢走到轮椅前，拘谨地对两名男子各鞠一躬，连说两声"对不起"，声音微微发抖。

⑤（近景）坐轮椅的男子微笑着试图接过花束，说："我知道那是意外，姑娘，没事的。"

⑥（特写）女孩的眼中泛起泪水："对不起，我是来……"

⑦（特写）女孩弯下腰把巨大的花束往坐轮椅的男子怀中送去，花束后却露出一把闪着寒光的刀。

⑧画面黑。

3.分镜头脚本

分镜头脚本与拍摄提纲、文学脚本不同，它不仅是前期拍摄的脚本、后期制作的依据，也是确定短视频时长和经费预算的参考。

分镜头脚本的编写要求十分高，脚本需要以分镜头为单位，明确每一个分镜头的时长、景别、技法、画面内容、字幕、道具等。在脚本编写阶段就将每个细节考虑清楚的分镜头脚本不仅能让拍摄更加高效，还能帮助剪辑人员明确后期制作与剪辑的具体内容。将上述文学脚本改写为分镜头脚本，见表1-3。

表1-3　短视频分镜头脚本示例

镜号	时长（秒）	景别	技法	画面内容	字幕	道具	配乐	其他
1	2	远景	俯拍	医院门口环境拍摄，推轮椅的男子与坐轮椅的男子	/	轮椅	/	实景拍摄
2	2	中景	切入、切出	捧花女孩楚楚可怜，试图说服保安与保镖	/	花束	/	实景拍摄
3	3	中景	切入、切出	推轮椅的男子皱眉，坐轮椅的男子微笑，拍了拍推轮椅的男子的手，说台词	坐轮椅的男子："没关系，让她过来吧。"	轮椅	/	实景拍摄
4	3	全景	切入、切出	捧花女孩局促地走近、鞠躬，说台词	捧花女孩："对不起，对不起。"	花束、轮椅	/	实景拍摄
5	2	近景	切入、切出	坐轮椅的男子接花束，说台词	坐轮椅的男子："我知道那是意外，姑娘，没事的。"	花束、轮椅	/	实景拍摄
6	2	特写	切入、切出	捧花女孩哭，说台词	捧花女孩："对不起，我是来……"	/	/	实景拍摄

续表

镜号	时长（秒）	景别	技法	画面内容	字幕	道具	配乐	其他
7	2	特写	切入、切出	捧花女孩弯腰，将花束递给坐轮椅的男子，花束后露出刀	/	花束、刀	/	实景拍摄
8	1	/	切入、切出	画面黑			/	后期制作

通过表 1-3 所示的分镜头脚本，可以看出分镜头脚本对细节把控的全面性。分镜头脚本条理清晰，便于理解，非常适合辅助短视频的拍摄。

1.5.2 编写短视频脚本的要点和公式

短视频脚本主要包括对话、场景演示、布景细节、拍摄思路等内容，编写短视频脚本时，创作者需要注意以下几个要点。

- 受众：编写短视频脚本时，应牢记受众才是短视频创作的出发点和核心。站在用户的角度思考问题，用户思维至上，才能创作出用户喜欢的作品。
- 情绪：比起传统长视频，短视频需要更密集的情绪表达。
- 细化：短视频是用镜头讲述故事，镜头的移动和切换、特效的使用、背景音乐的选择、字幕的嵌入等细节都需要一再细化，确保情景流畅，抓住受众的注意力。

新手在编写短视频脚本时，可以套用一个"万能公式"，如图 1-26 所示。这个公式是通过研究众多爆款短视频总结出的规律，短视频创作者可以在编写脚本时进行参考，也可以在脚本编写完成后对照"万能公式"进行修改、优化。

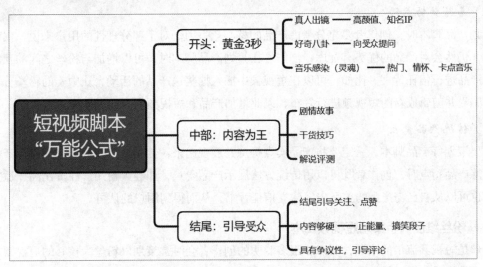

图 1-26　短视频脚本"万能公式"

课堂实训

任务一　从不同维度入手策划短视频脚本

短视频脚本的策划有很多不同的方式，但对于以变现为目的的短视频作品而言，策划维度是有共性的，即通常从产品、粉丝、营销3个维度入手策划短视频脚本。

1. 从产品维度入手策划短视频脚本

从产品维度入手策划短视频脚本，可以理解为以脚本的形式，将产品卖点转化为短视频内容呈现给用户。那么，如何从产品维度入手策划短视频脚本呢？一个优秀的推介产品的短视频脚本（以下简称产品脚本），至少应该具备以下3个要素，如图1-27所示。

图1-27　产品脚本三要素

（1）体现专业性

专业性指产品在其使用领域的专业程度，是产品脚本需要体现的首要内容。在短视频中体现产品的专业性就好比给用户安排一位专业的产品导购，导购会告诉用户该款产品好在哪里、现在购买有什么优势，甚至直接拿出小样帮用户体验，使其更全面地了解产品。

在产品脚本中，主播或短视频演员要将产品的优势、优惠、体验感等全部表达出来，其角色既是导购，又是试用产品的消费者。除此之外，产品脚本的专业性也需要体现在主播或短视频演员身上，介绍产品时，介绍者必须对产品的基本信息了若指掌，避免由于不够专业，导致用户对产品的信任感下降。

（2）与粉丝的互动

策划产品脚本时，创作者要充分考虑产品的核心竞争力。对于部分理性的用户来说，仅听主播的讲述，仍然会对产品的优势有疑虑，创作者在策划产品脚本时，可以增加与粉丝之间的互动，让粉丝为产品进行信任背书。比如，可以在短视频中插入抽奖送产品的活动，让中奖的粉丝分享自己的使用感受并剪辑成新的短视频进行发布，以此增加产品和短视频内容的说服力。

（3）体现产品卖点

想要策划好产品脚本，一定要将产品卖点提炼并展现出来，给予用户充分的选择目标产品的理由。提炼产品卖点时，创作者既可以用传统方法展示产品卖点，如经久耐用、性价比高、适宜人群广等，也可以从自己与产品的关系出发建立信任背书，从而得到用户的认可。

2. 从粉丝维度入手策划短视频脚本

粉丝是短视频流量的来源，所以，很多聪明的创作者会时常策划以粉丝为核心的短视频，不断获取粉丝的好感，提高粉丝基数。

想要策划能引起粉丝共鸣的脚本（以下简称粉丝脚本），首先需要弄清楚粉丝想要的是什么。

当创作者站在粉丝的立场思考为什么"我"会关注一个账号,以及"我"希望从该账号发布的短视频中得到什么时,就会发现粉丝想要的无非以下 3 点:让"我"开心,让"我"看到身边不常见的,对"我"有用或给"我"带来利益。根据这 3 点核心诉求,可以总结出粉丝脚本策划的两大关键点。

（1）风格轻松或高级

粉丝在业余时间浏览短视频,或多或少抱有改善心情的目的,创作者在短视频策划中加入一些轻松、幽默的元素,可以让粉丝展颜一笑,提高他们对账号的好感度。

在短视频平台上,一部分用户整日被生活的鸡零狗碎围绕,日常的工作、生活中总需要处理很多鸡毛蒜皮的事务与人际关系,而短视频是他们升华精神的"桃花源"。这时给他们观看云南的雪山、大漠的落日、温馨有质感的生活 Vlog、海子的诗……就可以让他们暂时抛弃"眼前的苟且",眺望"诗与远方"。

（2）解决粉丝痛点

美妆账号的粉丝大多希望能学习更多的美妆技巧,提升自己的化妆技术;生活技巧账号的粉丝大多希望能用一些方法让家里更整洁;办公软件教学账号的粉丝大多希望能提高办公效率,让工作更轻松。这些粉丝的期待,就是他们的痛点所在。创作者应当有意识地针对有不同期待的粉丝,策划能解决他们痛点的短视频作品。

3. 从营销维度入手策划短视频脚本

从引流变现的角度说,想吸引更多粉丝关注、转化,提升销售额,势必需要加入部分营销活动,如赠送大额优惠券、免费抽奖等。创作者在策划从营销维度入手的短视频脚本(以下简称营销脚本)时,既要考虑吸引力,又要考虑成本。此处借助策划活动的"5W2H"法则,说明营销脚本的编写方法。"5W2H"法则的具体内容如图 1-28 所示。

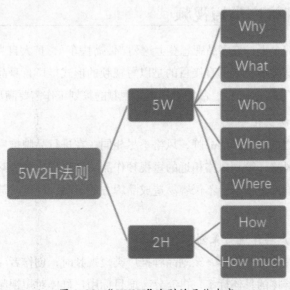

图 1-28 "5W2H"法则的具体内容

- Why：可以理解为"为什么做"。只有充分了解了为什么策划活动，才能明确下一步的行动。大多数创作者运营短视频账号是为了变现，那么，对于这些创作者来说，策划短视频脚本的终极目的就是变现。

- What：可以理解为"要做什么事"。宏观概念上，创作者要做的事是策划短视频脚本，以吸引粉丝、销售产品、实现变现；具体实践中，创作者需要从微观概念入手加以考虑，比如，这次拍摄短视频是销售A产品，具体形式为剧情类短视频。

- Who：可以理解为"谁去做"，包括谁负责去做、和谁配合。在营销脚本策划、编写阶段，决策者需要挑选合适的演员，并要求短视频创作者编写适合这些演员的短视频脚本，运营者则要在短视频作品中妥当安排足够吸引粉丝的优惠券……凡是与目标活动相关的人员，都要明确相关责任。

- When：可以理解为"什么时间"，指何时上传目标短视频能够第一时间获得最大的流量，或是借助某个热点尽快上传。

- Where：可以理解为"什么地点"，具体指"什么平台"，创作者需要考量营销短视频上传到哪个平台能获得最大的播放量，以及最高的销售额。

- How：可以理解为"如何做"，即用什么方法达到目的。比如，确定使用剧情类短视频的形式进行营销后，脚本要如何策划才能得到最好的效果。

- How much：可以理解为"花费多少钱"，包括人力成本、制作成本、营销成本等。

提炼完了"5W2H"法则的要点后，营销脚本的提纲就列出来了，剩下的工作是按照这些要点填充内容细节，以及进行产品方面的进一步完善。创作者策划短视频脚本时，可以从多个维度入手，争取做到既抓住粉丝痛点，又满足营销要求。

任务二　策划品牌推广类短视频

在短视频风靡市场的今天，许多品牌想登上这列"传播快车"，扩大自身的影响力，品牌推广类短视频应运而生。策划这类短视频的直接目的是以短视频的形式推广自身品牌，宣传企业文化，让用户群体加深对品牌的了解。基于此，品牌推广类短视频的策划工作需要满足以下两点要求。

（1）风格调性与品牌文化一致

品牌文化是一以贯之的，不同的品牌，风格不尽相同。在进行品牌推广类短视频策划时，创作者应当充分考虑品牌的风格，策划风格相近的短视频作品。如果创作者为某个走高端路线的品牌策划了一条十分接地气的推广短视频，不仅容易造成品牌方的不满，严重时甚至可能导致品牌客户的流失。

（2）针对品牌的用户群体进行策划

每个品牌都有其独特的用户群体，策划品牌推广类短视频时，创作者应当先了解清楚品牌的用户群体的特点，以及该群体的具体标签，再充分考虑目标用户群体对短视频的偏好。例如，某品牌的用户多为年轻女性，通常会对风格时尚、酷炫，有高颜值演员的短视频作品更感兴趣，那么，策划该品牌的品牌推广类短视频时就需要往该用户群体的喜好上靠。如此，品牌推广才能做到影响面更广、影响力更大。

 项目评价

学生自评表

表 1-4　技能自评

序号	技能点	达标要求	学生自评	
			达标	未达标
1	了解短视频及短视频创作的基础知识	1.能够说出短视频的特点 2.能够说出短视频的内容要素 3.能够说出短视频的生产方式 4.能够说出短视频的创作流程 5.能够明确短视频创作过程中不可触碰的"雷区"		
2	熟悉短视频拍摄的基本流程	1.能够说出拍摄团队的人员组成 2.能够制定拍摄计划 3.能够说出拍摄短视频素材时的关注要点		
3	了解短视频拍摄设备	1.能够说出短视频拍摄时常用的拍摄设备 2.能够说出短视频拍摄时常用的辅助设备		
4	掌握短视频内容策划的要点	1.能够明确短视频内容策划的目的和主题 2.能够编写内容大纲，并填充内容细节		
5	掌握编写短视频脚本的技巧	1.能够说出短视频脚本的类型 2.能够明确编写短视频脚本的要点和公式		

表 1-5　素质自评

序号	素质点	达标要求	学生自评	
			达标	未达标
1	洞察能力	1.具备敏锐的观察力 2.善于搜集有用的资讯		
2	总结归纳能力	1.具备较强的分析能力 2.逻辑思维能力强，善于整理相关资料并加以总结归纳		

序号	素质点	达标要求	学生自评	
			达标	未达标
3	独立思考能力和创新能力	1.遇到问题善于思考 2.具有解决问题和创新发展的意识 3.善于提出新观点、新方法		
4	实践能力	1.具备社会实践能力 2.具备较强的理解能力，能够掌握相关知识点并完成项目任务		

教师评价表

表 1-6　技能评价

序号	技能点	达标要求	教师评价	
			达标	未达标
1	了解短视频及短视频创作的基础知识	1.能够说出短视频的特点 2.能够说出短视频的内容要素 3.能够说出短视频的生产方式 4.能够说出短视频的创作流程 5.能够明确短视频创作过程中不可触碰的"雷区"		
2	熟悉短视频拍摄的基本流程	1.能够说出拍摄团队的人员组成 2.能够制定拍摄计划 3.能够说出拍摄短视频素材时的关注要点		
3	了解短视频拍摄设备	1.能够说出短视频拍摄时常用的拍摄设备 2.能够说出短视频拍摄时常用的辅助设备		
4	掌握短视频内容策划的要点	1.能够明确短视频内容策划的目的和主题 2.能够编写内容大纲，并填充内容细节		
5	掌握编写短视频脚本的技巧	1.能够说出短视频脚本的类型 2.能够明确编写短视频脚本的要点和公式		

表 1-7　素质评价

序号	素质点	达标要求	教师评价	
			达标	未达标
1	洞察能力	1.具备敏锐的观察力 2.善于搜集有用的资讯		

续表

序号	素质点	达标要求	教师评价	
			达标	未达标
2	总结归纳能力	1.具备较强的分析能力 2.逻辑思维能力强，善于整理相关资料并加以总结归纳		
3	独立思考能力和创新能力	1.遇到问题善于思考 2.具有解决问题和创新发展的意识 3.善于提出新观点、新方法		
4	实践能力	1.具备社会实践能力 2.具备较强的理解能力，能够掌握相关知识点并完成项目任务		

 思政园地

短视频赋能高校"大思政"

习近平总书记指出："做好高校思想政治工作，要因事而化、因时而进、因势而新。"作为当下热门的传播媒介，短视频为高校"大思政"育人提供了重要渠道和重大发展机遇，因此，以习近平新时代中国特色社会主义思想为指导，将短视频纳入"大思政"育人载体，是高校思想政治教育创新发展的应然之举。

截至 2022 年 12 月，全国短视频用户规模首次突破 10 亿量级，用户使用率高达 94.8%——短视频以精练、直观的内容呈现和碎片化的传播形式为特点，迎合了人们的信息消费偏好，实现了对内容消费者的"注意力抓取"。

用户注意力是高校"大思政"育人工作在短视频阵地所要重点争夺的宝贵资源，也是决定高校思想政治教育在短视频领域育人效果的关键因素。在具体操作方面，高校应当依托高质量内容，释放"大思政"育人的强劲引力，重点关注以下四方面内容。

一要坚持用户思维，加强话语叙事方式的转化。以用户需求为导向，在坚持思想政治教育话语理论性、严肃性内容取向的同时，注入趣味性、生活化、实用性的元素，实现"硬"理论的"软"传播。

二要改进理论文风，提升话语感染力。克服官腔式、口号式、说教式的话语表达方式，积极靠近学生易于接受的语言风格，融入网络话语体系，令思想政治教育话语表达通俗化、多样化、生动化。

三要树立精品意识，打造特色名片。结合学校办学特色，打造特色IP，避免高校内容生产"同质化"带来的用户审美疲劳。

　　四要注重美学价值，优化内容呈现。在议程设置、素材采集、作品编发等环节实现精细化运作，将"大思政"与"美育"有机融合，以高质量作品引领学生成长成才。

请针对素材内容，思考以下问题。

①将短视频纳入"大思政"育人载体的重要意义是什么？

②"大思政"短视频的拍摄应重点关注哪些方面？

_____

_____

_____

 课后习题

①请简述拍摄短视频的基本流程。

_____

_____

_____

②如果在室内拍摄产品展示类短视频，需要准备哪些拍摄设备、辅助设备？

_____

_____

_____

项目二

短视频的拍摄技法

项目导入

众所周知，短视频是通过视频载体来表现内容的。优秀的短视频作品，往往同时具备两个特点，一是创意新奇的主题，二是优质的画面与时尚的表现手法。二者如同皮与骨，互为支撑，缺一不可。

本项目为大家详细讲解短视频的拍摄技法，包括景别与拍摄角度、常用的布光技法、常用的构图手法、镜头的运动方式等内容，帮助短视频创作者全面了解并掌握短视频的拍摄技法和实操技巧，提升视频表现力，拍摄出让用户赏心悦目的优质短视频作品。

学习目标

♀ 知识目标

①学生能够区分不同的景别和拍摄角度。
②学生能够说出短视频拍摄常用的 2 种光源。
③学生能够说出短视频拍摄常用的 4 种光位。
④学生能够说出短视频拍摄常用的 4 种光质。

♀ 能力目标

①学生能够掌握短视频拍摄常用的布光技巧。
②学生能够掌握短视频拍摄常用的构图手法。
③学生能够掌握短视频拍摄时常见的镜头运动方式。

♀ 素质目标

①学生具备敏锐的洞察能力。

②学生具备总结归纳能力。

③学生具备独立思考能力。

④学生具备较强的实践能力。

项目实施

2.1 认识景别与拍摄角度

选择不同的景别和拍摄角度，能呈现不同的视觉效果。通过交替运用复杂多变的景别和拍摄角度，可以更清楚地呈现短视频的情节，表达短视频人物的思想感情，进而增强短视频的艺术感染力。因此，短视频创作者在拍摄短视频时，需要活用景别与拍摄角度。

2.1.1 景别

景别，指焦距一定时，因摄影机与拍摄对象的距离不同，拍摄对象在摄影机录像器中呈现的范围大小的不同。景别通常分为 5 种，由近至远分别为特写、近景、中景、全景、远景，如图 2-1 所示。以拍摄人物画面为例，特写指人物肩部以上的画面，近景指人物胸部以上的画面，中景指人物膝部以上的画面，全景指人物的全部和周围部分环境的画面，远景指人物及人物所处环境的画面。

图 2-1 景别分类

1. 特写

特写，指拍摄人物的面部，或拍摄物体的局部的镜头。特写取景范围小，画面内容单一，可以凸显目标拍摄对象，让观众有清晰的视觉印象。

表现人物时，运用特写镜头能表现出人物细微的情绪变化，揭示人物的心理活动，使观众在视觉上和心理上受到强烈的感染。表现物体时，运用特写镜头能清晰地表现出物体的细节，增强物体的立体感和真实感。

例如，某短视频作品运用特写镜头拍摄某水果，很清晰地对该水果果肉厚实、细腻的特点加以呈现，为观众带来垂涎欲滴的视觉效果，如图 2-2 所示。

2. 近景

近景，指拍摄景物局部面貌或人物胸部以上画面的镜头。近景主要用于突出景物或人物的具体特征。

拍摄景物时，很多时候会将环境背景虚化，突出目标拍摄对象。拍摄人物时，画面中的人物往往会占一半以上的画幅，以便细致地表现出

图 2-2 某短视频作品中的特写镜头

人物的面部特征和表情神态，尤其是人物的眼睛。

例如，某短视频作品中，创作者运用近景镜头拍摄了桃花，将粉红色的桃花和翠绿色的嫩芽清楚地呈现在观众眼前，如图 2-3 所示。

图 2-3　某短视频作品中的近景镜头

3. 中景

中景，指拍摄人物膝盖以上的身体画面的镜头。通过中景镜头，可以清晰地看到短视频中人物的穿着打扮、相貌神态和上半身形体动作。中景取景范围较广，可以在同一个画面中展现几个人物及其活动，非常适合用于交代人与人或人与物之间的关系，让观众快速了解故事情节。另外，运用中景镜头拍摄短视频，可以加深画面的纵深感，营造所需要的环境氛围。通过分镜头之间的衔接，还能把事件的经过表现得有条有理。

例如，某旅游类短视频作品中，博主游览景区的很多画面是运用中景镜头拍摄的，该博主一边游览景区，一边为观众进行讲解，如图 2-4 所示。

图 2-4　某短视频作品中的中景镜头

4. 全景

全景，主要用来表现人物的全身状态或者场景的全貌，是一种表现力非常强的景别，在分镜头脚本中应用得比较广泛。拍摄人物时，全景拍摄能够记录人物的一举一动，清楚表现人物与环境的关系，但在人物表情细节的展现方面略显不足。

例如，某美食类短视频作品中，博主为了制作一道包含竹叶、虾等食材的菜品，专门去竹林里收集做菜所需要的竹叶，其收集完竹叶回家的画面就是运用全景镜头拍摄的画面，如图2-5所示。

图 2-5 某短视频作品中的全景镜头

5. 远景

远景，主要用来表现远离相机的环境全貌，指展示人物及其周围广阔的空间环境、自然景色和群众活动大场面的景别。远景拍摄相当于隔较远的距离观看景物和人物，视野宽广，能包容广大的空间，人物较小，背景占主要地位，画面给人以整体感，细节却不甚清晰。

远景镜头中往往没有具体的人物，或者人物只占很小的空间，画面注重整体的环境表现，给人以浑然一体的感觉。例如，某短视频作品中的航拍镜头就属于远景镜头，如图2-6所示。

图 2-6 某短视频作品中的远景镜头

2.1.2 拍摄角度

拍摄短视频时，拍摄角度不同，视觉效果就不同。拍摄角度主要包括拍摄高度和拍摄方向，如图 2-7 所示。此外，还有心理角度、客观角度等。不同的拍摄角度，对应的是不同的画面效果，以及不同的表现意义。

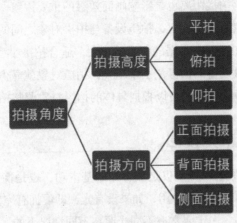

图 2-7 拍摄角度

1. 平拍

平拍是拍摄设备与拍摄对象处于同一高度的拍摄角度。采用平拍角度拍摄出来的画面，透视关系正常、不变形，并且画面端庄，构图具有对称美，符合人们的视觉习惯。平拍也有缺点，即前后景物容易重叠，导致层次关系不明显，不利于空间表现。同时，平拍的画面稍显呆板，立体感较差。平拍时，可以尝试通过场面调度增加画面纵深感。

2. 俯拍

俯拍是拍摄设备高于拍摄对象的拍摄角度。俯拍可以表现拍摄对象正、侧、顶 3 个面，增强物体的立体感、线条感，增加景深，让画面层次感较强。俯拍视野开阔，周围环境可以得到充分表现，但是容易导致人物变形，不是很适合拍摄人像。

3. 仰拍

仰拍是拍摄设备低于拍摄对象的拍摄角度。仰拍可以使画面中的水平线降低、前景和后景中的物体在高度上的对比有所变化，从而使处于前景的物体被突出、被夸大，获得强烈的视觉效果。同时，仰拍可以使画面具有某种情趣和美感。

4. 正面拍摄

正面拍摄是拍摄设备位于拍摄对象正前方的拍摄角度。使用正面拍摄手法拍摄出来的画面，会给人端庄、安定和稳重的感觉，但也有可能会出现动感差、无主次之分、透视效果较差的效果。

5. 背面拍摄

背面拍摄是拍摄设备位于拍摄对象正后方的拍摄角度。使用背面拍摄手法拍摄出来的画面往往能给人更多的想象空间。

6. 侧面拍摄

侧面拍摄是拍摄设备位于拍摄对象侧面的拍摄角度。侧面拍摄有很大的灵活性，不仅有利于展现拍摄对象的整体轮廓，还有利于展现拍摄对象的侧面形象。

除了拍摄角度，拍摄时，拍摄距离也是影响画面效果的重要因素。拍摄距离是拍摄设备和拍摄对象之间的距离，使用同一焦距的镜头时，拍摄设备与拍摄对象之间的距离越近，拍摄设备能拍摄到的范围就越小，拍摄对象在画面中占据的位置就越大，适合拍摄小型物体的细节；拍摄设备与拍摄对象之间的距离越远，拍摄设备的拍摄范围就越大，拍摄对象就显得越小，对于展现细节来说是越来越不利的。创作者拍摄短视频时，可以根据具体的拍摄对象调整拍摄距离。

2.2　短视频常用的布光技法

"摄影是光的艺术"，熟练运用光不仅是摄影师的基本功，也是衡量其水准的重要尺度。不论是拍照片还是拍视频，光都起着决定性作用，如果没有光，即便拥有完美的构图与布局也于事无补。想要拍摄出优质的短视频作品，一定要掌握不同光源在不同情况下的运用方法。

2.2.1　2种光源

熟练运用光并不是一件容易的事，创作者至少需要了解清楚光源的不同类型。在短视频拍摄过程中，照明光源主要分2种，自然光与人造光。

1. 自然光

自然光，指日光、月光、星光等自然光源发出的光。自然光以日光为主，日光包括晴天的太阳直射光与天空光，以及阴天、下雨天、下雪天的天空漫散射光。一天之中，太阳的直射角度会随着时间的推移产生变化，这使得太阳光照明可以分为不同的阶段，在不同的照明阶段进行拍摄，会有不同的拍摄效果，可以表达不同的情绪。

例如，在早晚太阳直射的时间段中，太阳光与地面呈0~15°夹角，景物的垂直面会被大面积地照亮并留下一段很长的投影；太阳光穿过大气层后，会变得分外柔和，与天空光的比例约为2:1；在晨雾与暮霭出现的情况下，空气会产生强烈的透视效果，这时进行近景拍摄，画面会显得十分柔和，拍摄场景短视频能得到层次丰富、空间透视感强的作品。

2. 人造光

人造光，指人工制造的发光体发出的光，如聚光灯、漫散射灯、强光灯、溢光灯、石英碘钨灯等光源发出的光。家庭环境中的白炽灯发出的光，也属于人造光。

人造光是摄影常用光，它十分灵活，运用范围广泛，能最大程度地按照摄影师的设想营造环境氛围。拍摄短视频时，创作者往往很难在特定的拍摄时间内遇到最适合的自然光，此时，灵活运用人造光进行拍摄，同样可以得到不错的光影效果。

图 2-8　4 种光位

2.2.2 ▶ 4种光位

光位指光源相对于拍摄对象的位置，即光线的方向与角度。拍摄对象不变，光位不同，会有不同的明暗造型效果。摄影中的光位千变万化，但归纳起来主要有 4 种，即顺光、逆光、侧光和顶光，如图 2-8 所示。

1. 顺光

顺光，又名"正面光"，指拍摄时光线来自拍摄对象正面的光位。当拍摄对象处于顺光照射状态的时候，因为正面布满光线，所以拍摄对象会显得非常明亮，色彩、细节等都能得到充分展示。虽然顺光拍摄出来的画面色彩饱和度高、色彩鲜艳，但因为缺少明暗对比和阴影衬托，立体感会较差，有可能缺乏生气。

在短视频拍摄中，顺光常被用作辅助光，适用于拍摄风景或某些细节画面。例如，某短视频作品顺光拍摄了葡萄，画面中的葡萄色彩鲜艳、细节突出，但因为没有明暗变化，整个画面缺少了一份质感，如图 2-9 所示。

图 2-9　顺光拍摄画面示例

2. 逆光

逆光，又名"背光"，指拍摄时光线来自拍摄对象正后方的光位。逆光拍摄能够为拍摄对象勾勒出生动的轮廓线条，将拍摄对象与背景分离，使画面产生立体感、层次感、空间感，增强画面的艺术感和表现力。很多时候，逆光拍摄需要配合使用反光板或闪光灯辅助照明，以避免出现拍摄对象曝光不足的情况。逆光拍摄主要用于勾勒拍摄对象的轮廓形状，或用于拍摄剪影作品。

例如，某短视频作品逆光拍摄了树叶，画面中的树叶轮廓分明，带有一丝透光感，整个画面显得非常有质感，如图 2-10 所示。

图 2-10　逆光拍摄画面示例

3. 侧光

侧光，指拍摄时光线来自拍摄对象侧方的光位。侧光拍摄时，光线来自拍摄对象的侧面，拍摄对象会出现一面明亮、一面阴暗的情况，画面可以很好地体现拍摄对象的立体感和拍摄环境的空间感。

例如，某短视频作品侧光拍摄了一盆植物，灯光从侧后方照射到植物上，使植物看起来非常光亮、通透，具有极强的立体感，如图 2-11 所示。

图 2-11　侧光拍摄画面示例

侧光可以细分为前侧光、正侧光和后侧光。

- 前侧光，指 45°方位的正面侧光。前侧光是最常用的光位，在前侧光的照射下，拍摄对象富有生气和立体感。在人像拍摄中，前侧光常用作主光，通常位于人物脸部朝向的另一侧。
- 正侧光，又名"90°侧光"。正侧光下，拍摄对象有阴阳效果，突出强烈的明暗对比。
- 后侧光，又名"侧逆光""逆侧光"，指光线来自拍摄对象侧后方的光位，能在拍摄对象的一侧产生轮廓线条，使主体与背景分离，从而加强画面的立体感、空间感。

4.顶光

顶光，指拍摄时光线来自拍摄对象正上方的光位。对于短视频拍摄来说，顶光并不常用，比如，正午时分的阳光可以说是一道顶光，这时通常不宜外出拍摄短视频。不过，对于一些体积较小的拍摄对象来说，由于体积较小，光照在它们身上的效果不会太明显，采用顶光拍摄反而简便易行。

顶光的主要缺点是会在拍摄对象的下方投下浓重的阴影，如果拍摄对象表面凹凸起伏，可能会有各种不太美观的阴影。最好使用光质柔和的顶光，让阴影的轮廓模糊一点，更加美观。

例如，某短视频作品顶光拍摄了珠宝饰品，镜头中，体积较小的珠宝饰品不仅体积看起来有所增大，而且有好看的光芒，如图 2-12 所示。

图 2-12 顶光拍摄
画面示例

2.2.3 4种光质

光质，可以理解为光的性质。日常拍摄中，光线通常有聚光、散光、软光、硬光 4 种光质，如图 2-13 所示。

这 4 种光质的具体含义分别如下。

- 聚光：光线来自一个明显的方向，聚光下，拍摄对象产生的阴影明晰且浓重。
- 散光：光线来自若干方向，拍摄对象产生的阴影柔和且不明晰。
- 硬光：一般指直射光，闪光灯的光线、晴朗天气的太阳直射光等都属于硬光。

图 2-13 4 种光质

- 软光：又名"散射光"或"柔光"，光线相对柔和，明暗层次过渡反差小，比如多云天气的太阳光。另外，闪光灯前加上柔光罩、补光灯前加上柔光箱等所形成的光线也属于软光。

在具体运用中，硬光能使拍摄对象产生强烈的明暗对比，有助于拍摄出有质感的、立体感强的画面或黑白光影效果；软光多用于表现拍摄对象的外形、形状和色彩，在表现拍摄画面的质感和拍摄对象的细节方面较弱，适合拍摄人像画面。为了营造不同的环境氛围，表达不同的情绪，在短视频拍摄过程中，创作者应当灵活把握光质的运用。

2.3 短视频常用的构图手法

短视频构图，指对短视频画面中的各个元素进行组合、调配，构建主体突出、富有美感的画面。优秀的短视频构图，可以直观地体现短视频的制作水准，令人赏心悦目的同时，增强作品的感染力。下面为大家详细介绍几种短视频常用的构图手法。

2.3.1 对称构图法

对称构图法，指将画面一分为二，并将画面中的物体按照对称轴或对称中心进行对称放置。对称构图法主要有两种对称方式，一种是上下对称，常用于拍摄水面倒影；一种是左右对称，常用于拍摄建筑、公路、隧道等。对称构图法的优点是平稳、均衡，缺点是结构单一、不够灵活，可能会使画面显得过于呆板。

例如，某短视频作品使用对称构图法拍摄了建筑物，显得建筑物非常庄重、和谐、典雅，画面具有对称的美感，如图 2-14 所示。

> 💡提示 在人像摄影中，很少使用对称构图法，因为很可能显得呆板。使用对称构图法，如果拍摄时没能做到完全对称，可以通过后期修图进行校正或剪裁。

图 2-14　对称构图法拍摄画面示例

2.3.2 九宫格构图法

九宫格构图法是目前最常见、最基本的构图方法。把一张图片的上、下、左、右 4 个边分别分成 3 等份，用直线把相对的点连起来，画面中会出现一个"井"字形图框，画面被分成相等的九个方格，就是大家俗称的"九宫格"，如图 2-15 所示。图 2-15 中九宫格的 4 个交叉点是九宫格构图法的核心所在。创作者拍摄短视频时，可以把拍摄对象放在这 4 个点附近，这样拍出的短视频作品主题鲜明、有层次感。

例如，某短视频作品使用九宫格构图法拍摄了小船，创作者将小船安排在画面左下角的交叉点上，更好地突出了小船，如图 2-16 所示。

图 2-15　九宫格构图法示意图

图 2-16　九宫格构图法拍摄画面示例

2.3.3 ▶ 放射/汇聚构图法

放射/汇聚构图法，指以拍摄对象为核心，景物向四周扩散、放射的构图方法，如图 2-17 所示。在拍摄商品短视频时，将商品以四周扩散的方式摆放，也属于使用放射/汇聚构图法。使用放射/汇聚构图法拍摄出来的画面看起来开阔、舒展，可以让人的注意力集中在拍摄对象上，即使是在人物或景物较为复杂的情况下，也可以产生特殊的视觉效果。因此，放射/汇聚构图法常用于拍摄需要突出拍摄对象的、场面复杂的画面。

例如，某短视频作品使用放射/汇聚构图法拍摄了花朵，花朵从花蕊到花瓣，由内向外进行扩散，整个画面看起来非常舒展，如图 2-18 所示。

图 2-17　放射/汇聚构图法示意图　　　　图 2-18　放射/汇聚构图法拍摄画面示例

2.3.4 ▶ 黄金分割构图法

黄金分割构图法的基本理论来自黄金分割比例——1∶1.618，建筑、绘画、投资市场、服装设计等领域都常应用这个黄金分割比例。在短视频拍摄中引入黄金分割比例，可以让拍摄出来的画面更自然、更和谐、更能吸引受众的目光。

在短视频拍摄中，"黄金分割点/线"可以是视频画面中对角线与某条垂直线的交点，也可以是以画面中每个正方形的边长为半径，延伸出来的一条具有黄金分割比例的螺旋线，如图 2-19 所示。

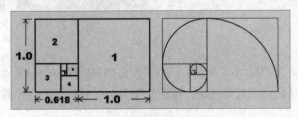

图 2-19　黄金分割构图法示意图

使用黄金分割构图法，画面以拍摄对象为核心，景物向四周扩散，画面中的拍摄对象可以与背景毫不突兀地融合在一起，从而构建非常和谐的画面，同时自然地将人们的目光引向拍摄对象。

2.3.5 透视构图法

透视构图法，即依托绘画领域的透视原理，将一个三维空间在二维空间中表现出来。拍摄短视频时，创作者可以根据透视原理协调画面中的元素，利用大小、位置的对比增强画面的空间感和立体感。透视构图有远小近大的规律，利用画面中带有延伸感的线条，可以在视觉上引导人们沿着线条往指定的方向看。

例如，某短视频作品使用透视构图法拍摄了公路，线条向前延伸，赋予了画面无限的想象力，如图 2-20 所示。

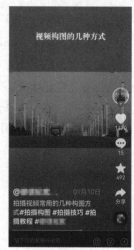

图 2-20　透视构图法拍摄画面示例

2.4 镜头的运动方式

在拍摄短视频的过程中，镜头并不是一直静止的，它的运动被称为运镜。运镜，就是镜头在说话。运镜能赋予短视频画面更多的活力，并且推动故事的发展。下面为大家介绍几种短视频拍摄时常用的运镜方式。

2.4.1 推镜头

推镜头是常见的运镜方式之一，指在拍摄对象位置固定的情况下，镜头从全景或其他较远的景位，由远及近向拍摄对象逐渐推进，直到推成近景镜头或特写镜头为止的运镜方式。这类镜头在实际拍摄中主要用于表现细节、突出主体、制造悬念等。

例如，某短视频作品运用推镜头的运镜方式拍摄了凉亭，由远及近的拍摄给人一种身临其境的感觉，仿佛观众跟着镜头慢慢走入了凉亭，如图 2-21 所示。

图 2-21　推镜头的拍摄画面示例

2.4.2 拉镜头

拉镜头是与推镜头完全相反的运镜方式。拉镜头，指在拍摄对象位置固定的情况下，构图由小景别向大景别过渡，即从特写或近景开始，逐渐变化为全景或远景的运镜方式。

拉镜头可以把观众的注意力由局部引向整体，营造出逐渐远离拍摄对象的效果。在视觉上，画面中容纳的信息越来越多，更容易让观众感受到画面的宏大。

例如，某短视频作品运用拉镜头的运镜方式拍摄了一个女孩在公园湖边看风景的画面，视频最初展现的是湖边石墩的近景画面，随着镜头的后拉，逐渐过渡到有女孩、有风景的多元素全景画面，如图 2-22 所示。

图 2-22　拉镜头的拍摄画面示例

2.4.3 跟镜头

跟镜头，类似于"跟拍"，指拍摄对象处于运动状态，镜头跟随其运动轨迹移动的运镜方式。在实际运用中，跟镜头能全方位地记录拍摄对象的动作、表情、运动方向，常用于 Vlog 类短视频的拍摄。

例如，某短视频作品运用跟镜头的运镜方式，分别从后面、侧面跟随人物进行移动拍摄，使整个画面呈现运动状态，如图 2-23 所示。

图 2-23　跟镜头的拍摄画面示例

> 提示　在跟镜头拍摄实践中，镜头跟随拍摄对象移动，拍摄对象不会改变，但背景环境会随着拍摄者的移动有所变化。

2.4.4 移镜头

移镜头，指镜头沿水平面各个方向进行移动拍摄的运镜方式。移镜头中，拍摄的画面始终处于运动状态，展现的是不同角度的拍摄对象。在大型场景拍摄中，运用移镜头可以更好地呈现气势恢宏的画面。

例如，某短视频作品运用移镜头的运镜方式拍摄了亭子，从不同角度展示了亭子的外观及周围的景色，如图 2-24 所示。

图 2-24　移镜头的拍摄画面示例

2.4.5 摇镜头

摇镜头，指摄像机的位置固定，通过摄像机本身的光学镜头水平移动或垂直移动进行拍摄的运镜方式。脚本中时常提到的"全景摇"就是指用摇镜头的运镜方式拍摄全景画面。摇镜头常用于介绍故事环境，或侧面突出人物行动的意义和目的。在特定的环境中，运用摇镜头可以拍出模糊和强烈震动的效果，如精神恍惚、失忆穿越、车辆颠簸等。

摇镜头与其他运镜方式的区别在于，镜头相当于人的头部，头动转动，人可以看四周的风景，而头的位置不变。完整的摇镜头包括起幅、摇动、落幅 3 个部分。

例如，某短视频作品运用下摇镜头的运镜方式拍摄了红枣树，整个画面非常有故事感和代入感，如图 2-25 所示。

图 2-25　摇镜头的拍摄画面示例

2.4.6 升降镜头

　　升降镜头分为升镜头和降镜头两种不同的运镜方式。升镜头指镜头做上升运动的运镜方式，甚至上升至俯视拍摄，画面中大多为十分广阔的地面空间，有恢宏的感受。降镜头指镜头在升降机上做下降运动的运镜方式，多用于拍摄较为宏大的场面，以营造气势。

　　例如，电影《流浪地球》的结尾运用升降镜头的运镜方式表现了纵深空间中的点面关系——将镜头从一辆车中慢慢升起来，画面中可以看到一辆完整的车后，车往前开，观众的视线跟着车走，镜头继续上升，画面中出现向前延伸的公路，公路的尽头有许多朝天空喷射火焰的发动机，镜头沿着火焰喷射的方向继续上升，一直升到太空，如图 2-26 所示。

图 2-26　升降镜头的拍摄画面示例

2.4.7 环绕镜头

环绕镜头，指环绕拍摄对象进行环绕拍摄的运镜方式。环绕镜头能够突出主体、渲染情绪，让整个画面更有张力，带给观众巡视般的感觉。环绕镜头适合用于表现空间和场景，对其进行叙述和渲染，常用于建筑物、雕塑的拍摄，以及特写画面的拍摄。

例如，某短视频作品运用环绕镜头的运镜方式，使用无人机航拍了古镇建筑，营造出了巡视般的视觉效果，如图 2-27 所示。

图 2-27　环绕镜头的拍摄画面示例

2.4.8 综合运动镜头

综合运动镜头，又名"长镜头"，指综合运用摄影机的多种运镜方式连续拍摄的单个镜头。可以将运用综合运动镜头拍摄短视频理解为同时运用多种运镜方式拍摄短视频。

例如，某短视频作品综合运用移镜头、推镜头、摇镜头等多种运镜方式拍摄了公园风景，制作了唯美短视频。

首先，创作者运用平移运镜的运镜方式拍摄了公园门楼，如图 2-28 所示；接着，创作者运用 0.5 倍广角镜头前推运镜，由远及近地拍摄了远处的凉亭，如图 2-29 所示。

图 2-28　某短视频作品中的平移运镜

图 2-29　某短视频作品中的前推运镜

然后，创作者运用横摇运镜，拍摄了门楼外周围景色，如图 2-30 所示；最后，创作者运用下摇运镜，从天空下拉镜头拍摄门楼全景，如图 2-31 所示。

图 2-30　某短视频作品中的横摇运镜

图 2-31　某短视频作品中的下摇运镜

综上所述，一条短视频里出现多种运镜方式就是运用了综合运动镜头。综合运动镜头的最大特点是综合性较强，既使画面有多视角、多距离的运动变化，又使镜头内的场景、人物、内容有多种变化。

 课堂实训

任务一　**室内人物短视频的布光**

很多短视频作品是在室内拍摄的，由各领域的博主出镜，比如美妆类短视频、开箱类短视频、评测类短视频等。这些类型的短视频作品的拍摄成本通常比较低，即使没有专业的设备，也不影响其拍摄效果。只是，合理布光需要加以注意，这是室内拍摄短视频的重中之重。

室内拍摄短视频的基本布光要求是光线强度适中，不过分阴暗，也不过分明亮，观众需要看清楚短视频中人物的脸与动作。

室内布光的方法是准备补光灯或柔光灯，将其作为主光源布置在镜头之后，清楚地照亮画面中的所有人物。如果单一主光无法照亮所有人物，或是会在人物身上留下比较重的阴影，就需要准备另一盏灯或一个反光板，充当辅助光源，照亮主光留下的阴影。主光与辅助光相互配合，室内布光就基本完成了。

如果创作者仍然觉得画面中的光线不够丰富，或是缺少明亮环境的衬托，可以再追加一盏灯作为背景光源，照亮室内背景，让画面更有层次。有背景光与无背景光的区别如图 2-32 所示，图 2-32 中的左图为有背景光的画面，右图为无背景光的画面。

图 2-32　有背景光与无背景光的区别

任务二　室外人物短视频的布光

　　室外布光的原理与室内布光的原理完全相同，但室外的光线环境比室内复杂许多。一方面，太阳是一个不可忽视的光源，另一方面，由于有阳光的漫反射，室外画面的整体亮度与清晰度会高于室内。

　　不管短视频中的人物是直面阳光进行拍摄，还是背对阳光进行拍摄，创作者都可以将阳光看作拍摄的主光。在已有主光的情况下，拍摄时只需要追加一盏灯或一个反光板，补充辅助光，与阳光相配合，妥善处理人物身上的阴影即可。

　　如果在天气晴朗的情况下进行拍摄，画面中的背景往往会被漫反射光照亮，这时不需要追加背景光，只需要将背景虚化，突出画面中的拍摄对象即可。例如，采用背景虚化手法拍摄的花卉如图 2-33 所示。

图 2-33　采用背景虚化手法拍摄的花卉

项目评价

学生自评表

表 2-1 技能自评

序号	技能点	达标要求	学生自评	
			达标	未达标
1	区分不同的景别和拍摄角度	1.能够说出 5 种不同的景别 2.能够说出 6 种不同的拍摄角度		
2	掌握短视频拍摄常用的布光技巧	1.能够说出短视频拍摄常用的 2 种光源 2.能够说出短视频拍摄常用的 4 种光位 3.能够说出短视频拍摄常用的 4 种光质		
3	掌握短视频拍摄常用的构图手法	能够熟练使用短视频拍摄常用的 6 种构图法		
4	掌握短视频拍摄时常见的运镜方式	在短视频拍摄过程中，合理换用不同的运镜方式		

表 2-2 素质自评

序号	素质点	达标要求	学生自评	
			达标	未达标
1	洞察能力	1.具备敏锐的观察力 2.善于搜集有用的资讯		
2	总结归纳能力	1.具备较强的分析能力 2.逻辑思维能力强，善于整理相关资料并加以总结归纳		
3	独立思考能力和创新能力	1.遇到问题善于思考 2.具有解决问题和创新发展的意识 3.善于提出新观点、新方法		
4	实践能力	1.具备社会实践能力 2.具备较强的理解能力，能够掌握相关知识点并完成项目任务		

教师评价表

表 2-3　技能评价

序号	技能点	达标要求	教师评价	
			达标	未达标
1	区分不同的景别和拍摄角度	1.能够说出 5 种不同的景别 2.能够说出 6 种不同的拍摄角度		
2	掌握短视频拍摄常用的布光技巧	1.能够说出短视频拍摄常用的 2 种光源 2.能够说出短视频拍摄常用的 4 种光位 3.能够说出短视频拍摄常用的 4 种光质		
3	掌握短视频拍摄常用的构图手法	能够熟练使用短视频拍摄常用的 6 种构图法		
4	掌握短视频拍摄时常见的运镜方式	在短视频拍摄过程中，合理换用不同的运镜方式		

表 2-4　素质评价

序号	素质点	达标要求	教师评价	
			达标	未达标
1	洞察能力	1.具备敏锐的观察力 2.善于搜集有用的资讯		
2	总结归纳能力	1.具备较强的分析能力 2.逻辑思维能力强，善于整理相关资料并加以总结归纳		
3	独立思考能力和创新能力	1.遇到问题善于思考 2.具有解决问题和创新发展的意识 3.善于提出新观点、新方法		
4	实践能力	1.具备社会实践能力 2.具备较强的理解能力，能够掌握相关知识点并完成项目任务		

思政园地

奥迪汽车广告短视频文案涉嫌抄袭

2022 年 5 月 21 日，是二十四节气中的小满节气。这天，汽车品牌一汽奥迪投放了一条请超级巨星刘德华拍摄的短视频广告。该短视频广告的主题是小满节气的名称来历，在介绍产品的同时普及了传统文化知识。短视频广告发布后，好评如潮，有人说这是近年来最好的汽车广告。

没想到，短视频广告发布当晚，拥有数百万粉丝的博主"北大满哥"发视频表示，一汽奥迪的这个短视频广告的文案抄袭了他发布过的短视频的文案。从"北大满哥"随后发布的维权视频中可以看出，一汽奥迪的短视频广告堪称"像素级抄袭"，部分网友戏称其为"查重率 99.99%"。

虽然抄袭短视频文案与产品质量无关，但如此赤裸裸的、没有底线的抄袭，在人人皆是自媒体、信息传播速度几何级增长的当下，对于一汽奥迪在华树立多年的豪华品牌形象而言，无疑是一次沉重的打击。就像人民日报在其官方微博中说的那样，保护原创就是保护创新，抄袭是行业丑闻，更涉嫌违法，必须零容忍。这起事件不能以道歉结束，而应成为行业反思的契机。

5 月 22 日，一汽奥迪通过官方微博回应，已经注意到该短视频存在文案侵权的相关讨论，公司就该事件中因监管不力、审核不严给刘德华先生、北大满哥及相关方造成的困扰表示诚挚的歉意，并诚恳地向原作者道歉，承诺尽最大努力弥补原作者的损失。

请针对素材内容，思考以下问题。

①短视频侵权行为会带来怎样的后果？

②短视频"抄袭"与"原创"的界限是什么？

_____

_____

_____

 课后习题

①请使用特写镜头俯拍一道美食，并归纳总结特写镜头的特点。

_____

_____

_____

②请使用综合运动镜头拍摄一条展现花园景观的短视频，并写下拍摄过程中的得与失。

_____

_____

_____

用单反相机/手机拍摄短视频

项目导入

想拍摄出观感好的短视频作品，创作者需要选购合适的拍摄设备，并熟练掌握拍摄设备的基础操作。对于初入短视频行业的创作者而言，选择普通的智能手机进行拍摄即可；对于想要打造高品质短视频作品的专业创作人员来说，可以选择功能更强大的单反相机进行拍摄。

本项目为大家详细讲解使用单反相机拍摄短视频和使用手机拍摄短视频的相关操作要点和知识，帮助短视频创作者更好地熟悉和使用短视频的基础拍摄设备。

学习目标

💡 知识目标

①学生能够说出使用单反相机拍摄短视频的优缺点。

②学生能够明确单反相机外部结构各部件的用法。

③学生能够说出单反相机的镜头类型。

💡 能力目标

①学生能够掌握单反相机的视频拍摄要点。

②学生能够掌握手机的视频拍摄要点。

③学生能够使用抖音App拍摄短视频。

④学生能够使用快手App拍摄短视频。

⑤学生能够使用美拍App拍摄短视频。

♀ 素质目标

①学生具备敏锐的洞察能力。

②学生具备总结归纳能力。

③学生具备独立思考能力。

④学生具备较强的实践能力。

项目实施

3.1 认识单反相机

单反相机，即数码单反相机，全称为单镜头反光数码照相机，英文缩写为DSLR。单反相机是比较专业的拍摄设备，不仅可以更换镜头，还拥有完整的光学镜头群和配件群，成像质量非常高，深受广大摄影爱好者的青睐。

3.1.1 单反相机的优缺点

单反相机是使用单镜头取景方式对拍摄对象进行拍摄的相机，不但功能强大，成像效果也非常好，常常能拍出与众不同的作品。单反相机的详解优缺点如下。

1. 单反相机的优点

作为专业级别的拍摄设备，单反相机有取景精准、成像质量高、镜头选择丰富、可手动调整拍摄功能等优点。

- 取景精确：单反相机反光镜和棱镜的独特设计，使创作者可以在取景器中直接观察拍摄对象的影像，该影像和拍摄出来的效果是一样的。

- 成像质量高：图像传感器是数码相机的核心部件之一，它的面积直接影响拍摄效果。面积越大，成像质量越高，反之，成像质量越低。单反相机的图像传感器面积远远超过普通的数码相机，所以，它的成像质量很高。而且，单反相机有非常出色的信噪比，能记录宽广的亮度范围，这使它拍摄出来的作品更加优秀。

- 镜头选择丰富：普通数码相机通常不能更换镜头，只有一个固定在机身上的镜头，而单反相机的镜头是可以随意更换的（卡口匹配即可）。佳能、尼康等品牌都拥有庞大的自动对焦镜头群，从超广角到超长焦，从微距到柔焦，创作者可以根据自己的需求和喜好选择合适的镜头。

- 可手动调整拍摄功能：普通数码相机大多以自动拍摄为主，单反相机则有非常强大的手动调整设置，支持手动调整相机的各项功能参数，如光圈大小、快门速度、曝光量、ISO大小等，创作者更容易获得理想的拍摄效果。

2. 单反相机的缺点

单反相机的缺点主要体现在 3 个方面，分别为价格较高、投入较大；体积较大、携带不便；操作较为复杂。

- 价格较高、投入较大：单反相机的价格普遍较高，目前，市面上的单反相机的价格普遍在 5000 元以上。单反相机的后期投入也很大，大多普通相机是一次性投入，而单反相机需要购置各种不同的镜头，这些镜头少则一两千元，多则上万元。
- 体积较大、携带不便：单反相机的机身和镜头体积都比较大，而且比较笨重，不方便随身携带。一般，携带单反相机外出拍摄时，要背专门的相机包，方便收纳机身、镜头和各种配件。
- 操作较为复杂：因为可以自主设置拍摄功能和各项参数，时常需要手动调整，所以单反相机的操作相对于普通数码相机来说复杂很多。

3.1.2 单反相机的外部结构

单反相机的外部结构为机身加镜头，其中，机身由取景屏、电源开关、工作菜单、调控键钮等构成；镜头为各种类型的镜头。下面以"佳能 6D"单反相机为例，简单地为大家介绍单反相机的外部结构（这里主要介绍单反相机机身的各部件）。单反相机的机身和镜头如图 3-1 所示。

图 3-1　单反相机的机身和镜头

单反相机的机身正面有自拍指示器、快门按钮、遥控感应器、反光镜、手柄（电池仓）、景深预览按钮、镜头卡口、EF 镜头安装标志、麦克风、镜头释放按钮、镜头固定销、触点等部件。单反相机的机身正面结构如图 3-2 所示。

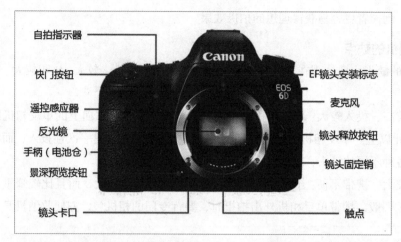

图 3-2　单反相机的机身正面结构示意图

单反相机的机身背面有信息按钮、菜单按钮、放大/缩小按钮、图像回放按钮、删除按钮、实时显示拍摄/短片拍摄按钮、自动对焦启动按钮、自动曝光锁/闪光曝光锁按钮、自动对焦点选择按钮、速控按钮、设置按钮、速控转盘锁释放按钮等各种拍摄按钮。同时，机身背面还有取景器目镜、眼罩、液晶监视器、速控转盘、方向键、屈光度调节旋钮、数据处理指示灯等部件。单反相机的机身背面结构如图 3-3 所示。

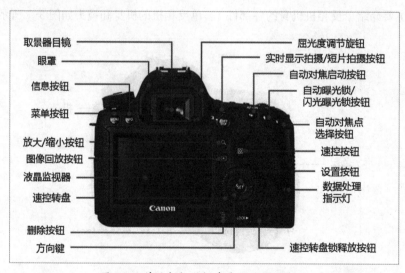

图 3-3　单反相机的机身背面结构示意图

单反相机的机身顶部有ISO感光度设置按钮、驱动模式选择按钮、自动对焦模式选择按钮、模式转盘锁释放按钮、测光模式选择按钮、液晶显示屏照明按钮等各种拍摄按钮。同时，机身顶部还有模式转盘、背带环、电源开关、热靴、主拨盘、液晶显示屏、焦平面标记、闪光同步触点等部件。单反相机的机身顶部结构如图 3-4 所示。

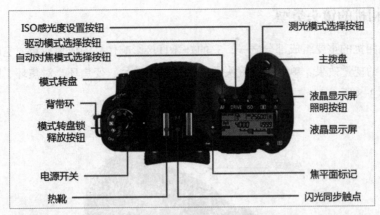

图 3-4　单反相机的机身顶部结构示意图

单反相机的机身底部结构与机身左侧结构较简单，其中，机身顶部只有电池仓盖和三脚架接孔，机身左侧只有背带环和存储卡插槽盖。单反相机的机身底部结构与机身左侧结构分别如图3-5和图3-6所示。

图 3-5　单反相机的机身底部结构示意图

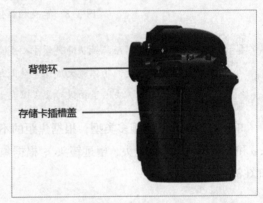

图 3-6　单反相机的机身左侧结构示意图

单反相机的机身右侧有端子盖和扬声器，以及4个端子：遥控端子（N3型）、外接麦克风输入端子、音频／视频输出／数码端子、HDMI mini输出端子。单反相机的机身右侧结构如图3-7所示。

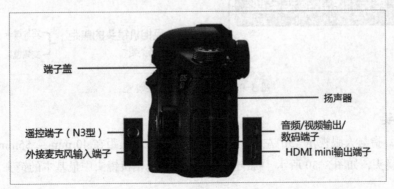

图 3-7　单反相机的机身右侧结构示意图

3.1.3 单反相机的镜头类型

镜头是单反相机的重要组成部分之一，它的好坏直接影响作品的成像质量，它的类型和参数直接决定拍摄画面的视觉效果。单反相机镜头的外部结构为镜片、变焦环、对焦环、距离刻度和光圈叶片之和，如图 3-8 所示。

图 3-8　单反相机镜头的外部结构示意图

提示 在镜头参数中，焦距是镜头的光学中心到成像面（焦点）的距离，是镜头的重要性能指标。焦距越长，越能将远处的物体放大成像；焦距越短，越能拍摄更宽广的范围。每个镜头都有自己的焦距，焦距的不同，决定了拍摄对象成像大小的不同。

单反相机的镜头有很多类型，根据焦距的不同，可以将其分为标准镜头、广角镜头（短焦距镜头）和长焦镜头（远摄镜头、望远镜头）；根据焦距是否可变，可以将其分为定焦镜头和变焦镜头，如图 3-9 所示。

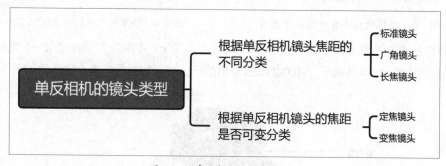

图 3-9　单反相机的镜头类型

1. 标准镜头

标准镜头，指与人眼视角（50°左右）大致相同的镜头。焦距在 40 mm ~ 55mm 之间的镜头通常被称为标准镜头，如图 3-30 所示。标准镜头是所有单反相机镜头中最基本的镜头。

图 3-10　标准镜头

标准镜头取景成像有 3 个特点：一是与人眼成像效果相似；二是没有夸张变形；三是成像质量好。标准镜头适合用于拍摄视觉感正常的画面，如人像或人文纪录类作品，如图 3-11 所示。

图 3-11　使用标准镜头拍摄的画面

2. 广角镜头

广角镜头，又名"短焦距镜头"，通常情况下，它的焦距短于标准镜头、视角大于标准镜头，如图 3-12 所示。常用的广角镜头焦距为 9mm ～ 38mm，视角为 60°～ 180°。

图 3-12　广角镜头

提示 在广角镜头中,焦距在 20mm 左右、视角在 90° 左右的镜头为超广角镜头;焦距在 10mm 左右、视角接近 180° 的镜头为鱼眼镜头。

广角镜头的焦距短、视角大,拍摄距离较短时,能拍摄到较大面积的景物。因此,使用广角镜头拍摄的画面视野宽阔,空间纵深度大,有强烈的立体感和较强的空间效果。广角镜头适合用于拍摄较大的场景,如建筑、风景等,如图 3-13 所示。

图 3-13 使用广角镜头拍摄的画面

提示 广角镜头对拍摄对象的成像有较大的透视变形作用,会造成一定程度的扭曲、失真,使用时需要注意这个问题。

3. 长焦镜头

长焦镜头,即长焦距镜头,又名"远摄镜头"或"望远镜头",其焦距可达几十毫米,甚至上百毫米,视角在 20° 以内,如图 3-14 所示。长焦镜头可分为普通远摄镜头和超远摄镜头,普通远摄镜头的焦距接近标准镜头,为 85mm ~ 300mm;超远摄镜头的焦距远远大于标准镜头,通常在 300mm 以上。

图 3-14 长焦镜头

长焦镜头的焦距长、视角小,在成像上有明显的望远、放大特点,能够将远距离的拍摄对象拉近、放大，获得清晰、醒目的影像。拍摄距离相同时，使用长焦镜头可以将某个局部拍得大且清晰。拍摄远处物体时，长焦镜头能更好地表现远处物体的细节。因此，长焦镜头适合用于拍摄特写，或者拍摄一些我们不容易接近的拍摄对象，如野生动物、飞鸟等，如图 3-15 所示。

图 3-15　使用长焦镜头拍摄的画面

> 提示　使用长焦镜头拍摄时，通常需要配合使用高感光度及快速快门，比如，使用 200mm 的长焦镜头拍摄，其快门速度应在 1/250 秒以上，以防止手持相机拍摄时相机抖动造成影像虚糊。为了保证单反相机的稳定，拍摄时最好将单反相机固定在三脚架上，无三脚架可用时，应尽量寻找依靠物帮助稳定相机。

4. 定焦镜头

定焦镜头，顾名思义，指没有变焦功能的镜头。定焦镜头没有变焦功能，所以，相对变焦镜头而言，它的设计较为简单，对焦速度快，成像质量稳定。某品牌的 50mm 定焦镜头如图 3-16 所示。

定焦镜头的口径一般比变焦镜头大，因此可以配置更大的光圈，容易拍出浅景深的效果，如图 3-17 所示。因为拥有大光圈，在弱光环境中使用定焦镜头拍摄能较好地吸收光线，不用担心快门速度不够会导致照片"糊掉"。定焦镜头的缺点是使用起来不太方便，需要调整拍摄对象的成像大小时，只能由拍摄者进行移动，在某些不适合移动的场合，只能放弃调整。

图 3-16　50mm 定焦镜头

图 3-17　使用定焦镜头拍摄浅景深效果

5. 变焦镜头

变焦镜头，指可以在一定焦距范围内调节焦距，得到不同宽窄的视角、不同大小的影像，以及不同的景物范围的镜头。变焦镜头支持在不改变拍摄距离的情况下通过调节焦距改变拍摄范围，非常有利于画面构图。某品牌的 24mm ～ 70mm 变焦镜头如图 3-18 所示。

图 3-18　24mm ～ 70mm 变焦镜头

变焦镜头的优点是一个变焦镜头可以替代若干个定焦镜头，携带方便、使用简便，拍摄过程中既不必频繁地更换镜头，也不必为拍摄同一对象不同景别的画面不停地更换拍摄位置。变焦镜头的缺点是口径通常较小，会给拍摄带来一些麻烦，无法满足用高速快门、大光圈拍摄的需要。另外，变焦镜头体积较大，比较笨重，使用时容易有持机不稳的情况，且变焦镜头的成像质量通常比定焦镜头差一些。

3.2　单反相机视频拍摄要点

很多人认为单反相机主要用于摄影，其视频拍摄功能远远不如专业的摄像机，甚至不如高端手机。这种认知是错误的，单反相机有非常强大的视频拍摄功能，只要设置好相关拍摄参数，可以拍摄出非常精彩的短视频作品。下面为大家讲解单反相机视频拍摄要点，帮助各位短视频创作者拍摄出专业级别的短视频作品。

3.2.1 设置视频录制格式和尺寸

使用单反相机拍摄短视频时，需要提前设置视频录制格式和尺寸。这一步非常重要，很多没有经验的新手拍摄者经常一拿起相机就进行拍摄，拍摄完成后才发现拍摄出的视频尺寸不对，若没有重新拍摄的机会，会给后期增加很多不必要的麻烦和问题。

在单反相机中设置视频录制格式与尺寸的操作很简单，在相机的设置菜单中设置即可。视频格式通常为MOV或MP4；视频尺寸包括画面尺寸和帧频，画面尺寸通常有"1920×1080""1280×720""640×480"3种选择，帧率通常有"24帧/秒""25帧/秒""50帧/秒"3种选择。创作者需要根据实际需求选择格式与尺寸。

不同的单反相机，支持拍摄的视频质量是有所差别的，主要体现在视频尺寸上，也就是我们常说的清晰度。目前，市面上大部分单反相机支持拍摄高清视频，在没有特殊要求的情况下，选择录制画面尺寸为"1920×1080"、帧率为"25帧/秒"、格式为"MOV"的高清视频即可，如图3-19所示。

图3-19 设置视频录制格式和尺寸

> 🔔提示 画面尺寸与帧率都会影响视频的存储空间。视频的画面尺寸越大，所占的空间就越大，比如，高清视频的画面尺寸为1920×1080，这种视频占用的存储空间比画面尺寸为640×480的视频占用的存储空间大得多。帧率为50帧/秒的视频比帧率为25帧/秒的视频占用的存储空间大得多。大多数视频的帧率为25帧/秒，有时为了方便后期制作，可以选择50帧/秒，因为后期制作慢动作时需要使用帧率为50帧/秒的视频。

3.2.2 设置曝光模式

在取景相同的情况下，视频作品质量好坏的关键在于能否合理设置视频的曝光参数。拍摄时，视频的曝光通常由光圈值、快门速度、感光度（ISO）共同决定。单反相机一般自带4种曝光模式，分别用字母M、A（Av）、S（TV）、P来表示，如图3-20所示。其中，M挡是手动曝光模式；A（Av）挡是光圈优先曝光模式；S（TV）挡是快门优先曝光模式；P挡是程序自动曝光模式。

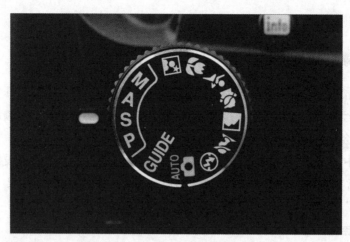

图 3-20　单反相机的 4 种曝光模式

💡提示　单反相机中的 AUTO 挡是全自动模式，光圈、快门、感光度、白平衡等参数都是自动设置的，
拍摄者只管按快门拍摄即可。因为能够自行控制的参数寥寥无几，画质很可能达不到心理预期，
所以使用单反相机的人很少使用 AUTO 挡。相对于 AUTO 挡，使用 P 挡，仅自动设置相机中的
光圈和快门，除这两者，其他设置可以手动调整。也就是说，在程度自动曝光模式中，只有曝光
模式是自动的，其他拍摄参数支持手动调整。

使用单反相机拍摄视频时，建议选择手动曝光模式，即选择 M 挡。使用手动曝光模式，可以
准确地设定相机的拍摄参数，无论是快门、光圈，还是感光度（ISO），更精确地控制画面的曝光
成像。

3.2.3　设置快门速度

快门是相机镜头前阻挡光线进入相机照射胶片的装置。拍摄时，通常可以配合 M 挡（手动
曝光模式）和 S（TV）挡（快门优先曝光模式）对快门进行调整。其中，S（TV）挡（快门优先曝光
模式）多用于拍摄运动中的物体或者抓拍，比如拍摄体育运动相关视频，又如拍摄高速公路上飞驰的
汽车。

💡提示　如果拍摄运动中的物体时，拍摄对象有些模糊，通常是因为快门速度设置低了，这时可以使用快
门优先曝光模式，适当地提高快门速度。拍摄行人的快门速度通常为 1/125 秒，拍摄下落的水滴
的快门速度则通常为 1/1000 秒。

拍摄照片时，快门速度越慢，画面的运动模糊越明显；快门速度越快，画面越清晰、锐利。拍
摄视频与拍摄照片的快门设置有所不同，拍摄视频时通常需要频繁移动，以变换和调整角度，为了
保证视频画面的播放效果与人眼画面的视觉效果更相似，一般将快门速度设置为帧率的 2 倍。如果
帧率被设置为 25 帧/秒，则需要将快门速度设置为 1/50 秒，如图 3-21 所示。如果快门速度过快，
拍摄的视频会有不连贯的现象；如果快门速度过慢，则拍摄的视频中会出现拖影效果。

图 3-21 设置快门速度

> 提示 如果要拍摄有拖影感的视频，可以设置较低的快门速度，比如 1/30 秒。拍摄夜晚的车水马龙或者丝绸般的流水时，非常适合使用慢速快门。

3.2.4 设置光圈

使用单反相机拍摄视频时，光圈主要用于控制画面的亮度及背景虚化效果。光圈越大，画面越亮，背景虚化效果越强；光圈越小，画面越暗，背景虚化效果越弱。

一般情况下，拍摄人物、花草，或者其他静物时，使用大光圈能获得背景虚化、模糊的效果，从而重点突出拍摄对象，如图 3-22 所示；拍摄风景时，使用小光圈能使画面中的景象清晰可见，如图 3-23 所示。

图 3-22 大光圈拍摄效果　　　　　　　　图 3-23 小光圈拍摄效果

> 提示 需要注意的是，光圈值是倒数表示的，数值越大，光圈越小。例如，f2.8 是大光圈，f11 是小光圈。光圈过小时，画面会显得比较暗，这时需要配合使用感光度（ISO）来优化拍摄效果。

3.2.5 设置感光度

感光度（ISO）是协助拍摄者控制画面亮度的变量，设置界面如图 3-24 所示。在光线充足的情况下，感光度设置得越低越好。即使在比较暗的光线环境中，感光度也不要设置得太高，因为过高的感光度会让画面有噪点，从而影响画质。注意，感光度大于 2000，就会在相机屏幕上看到很多噪点，严重影响视频画质。

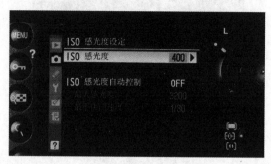

图 3-24　设置感光度

3.2.6 调节白平衡

调节白平衡是单反相机中非常重要的一项功能。白平衡的作用是在不同的色温环境中，使拍摄出来的画面呈现正确的色彩。单反相机大多有自动调节白平衡的功能，但因为拍摄视频时环境变化因素较多，使用自动调节白平衡功能会直接导致所拍摄的各个视频片段画面颜色不一，画面效果出入很大，所以，使用单反相机拍摄视频时，建议手动调节白平衡，即手动调节色温值（K值），如图 3-25 所示。

图 3-25　调节白平衡

色温可以控制画面的色调冷暖，色温值越高，画面的颜色越偏黄色；色温值越低，画面的颜色越偏蓝色。一般情况下，建议将色温值调节到 4900 ~ 5300 之间，这是一个中性值区间，适合大部分拍摄题材。

3.2.7 使用手动对焦模式

单反相机的对焦模式分为 AF 模式（自动对焦模式）和 MF 模式（手动对焦模式），如图3-26所示。单反相机实时取景时的自动对焦能力较弱，且自动对焦会影响画面的曝光，因此建议拍摄视频时尽量使用手动对焦模式。

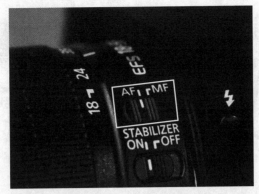

图 3-26　单反相机的对焦模式

使用手动对焦模式拍摄视频前，需要准备一台带滑轨的三脚架，将单反相机固定在三脚架上，以保证拍摄画面的稳定。设置手动对焦模式的具体方法如下。

⊙ **第1步** 将对焦模式开关滑动至 "MF" 位置，开启手动对焦模式。

⊙ **第2步** 按下 "实时显示拍摄/短片拍摄" 按钮，启动实时显示拍摄。

⊙ **第3步** 使用方向键调整液晶监视器中的整体画面及构图，大致确定对焦位置。

⊙ **第4步** 使用 "自动对焦点选择/放大" 按钮，对画面进行放大（每按一次 "放大" 按钮，图像放大 5 倍显示），以便找到画面中的拍摄对象。如果很难获得最佳对焦效果，可通过操作对焦环寻找最清晰的状态。

⊙ **第5步** 半按下 "快门" 按钮，就可以清晰地显示画面了。确定对焦位置并完成对焦后，应再次检查拍摄对象及其周围环境是否发生了变化，确定画面整体没有问题后，轻轻地释放快门即可。

> 提示　不同品牌、型号的单反相机在按键设置上稍有差异，如有的单反相机的 "自动对焦点选择" 按钮
> 与 "放大" 按钮是合并的，有的单反相机的这两个功能按钮是分开的。在实际操作过程中，拍摄
> 者根据自己的单反相机的按键设置进行操作即可。

3.2.8 保证画面稳定

通常情况下，使用单反相机拍摄视频需要借助三脚架或手持云台稳定器来获得清晰、稳定的画面效果，如图 3-27 和图 3-28 所示。选择稳定器时，拍摄者要重点考虑稳定器的跟焦性能，目前市面上的大部分稳定器有跟焦轮，但不同品牌的稳定器对单反相机的支持是不一样的，有些稳定器可以直接控制机身内部的电子跟焦。此外，稳定器的调平也很重要，精准的调平可以最大限度地保证画面的稳定。

如果需要长时间手持单反相机拍摄视频，建议选择支持 "IS 光学防抖" 的镜头，并且建议使用广角镜头进行拍摄——长焦镜头会放大手抖的影响，广角镜头则不是那么明显。

图 3-27 单反相机的三脚架

图 3-28 单反相机的手持云台稳定器

3.3 手机视频拍摄要点

对于初入短视频行业的创作者而言，使用手机拍摄短视频是不错的选择。近年来，各品牌手机的配置越来越高，手机拍摄功能日趋成熟，短视频创作者只需要掌握一些简单的手机拍摄短视频技巧，便可拍摄出具有大片观感的短视频作品。下面为大家讲解手机视频拍摄要点，帮助各位短视频创作者使用手机拍摄出精美的短视频作品。

3.3.1 防止抖动措施

手机很轻，体积也小，拍摄视频时，只要有细微的抖动，就会造成视频画面模糊。因此，手机拍摄视频时一定要做好防止抖动的措施。

1. 正确的拍摄姿势

使用手机拍摄视频时，如果拍摄姿势不正确，很容易造成画面抖动。因此，拍摄前，拍摄者应该掌握正确的拍摄姿势。下面教大家如何调整拍摄姿势。

⊙第1步 拍摄视频时一定要避免单手拍摄，双手把持手机，拍摄的画面更为稳定，如图 3-29 所示。

图 3-29 双手把持手机拍摄

⊙**第2步** 拍摄时减少上肢动作，尽量以整个上身为轴，下身移动。

⊙**第3步** 如果拍摄时间较长，尽量让胳膊（或手臂）靠在一个固定的物体上，不要空悬，以防止胳膊（或手臂）抖动。夹紧肘臂也是一个可选择的拍摄姿势，把手肘紧靠在身子前方，以便保持平稳。

2. 使用辅助工具

除了掌握正确的拍摄姿势，防止拍摄抖动最简单的方法是使用一些辅助工具，如手机三脚架、手机手持云台等。

手机三脚架是使用较多的辅助工具，如图 3-30 所示。手机三脚架最大的特点是"稳"，使用手机三脚架可以有效防止手机抖动。虽然现在大多数智能手机有防抖功能，但是防抖程度参差不齐，让人的双手长时间保持静止几乎不可能，这时候就可以使用手机三脚架来稳定手机，从根本上防止手机拍摄时的抖动。

> **提示** 手机三脚架与相机三脚架相比的主要不同点在于云台不同，手机三脚架一般使用球形云台、三维云台或简易的可旋转云台。

另外，手机手持云台也是一个很好的拍摄防抖辅助工具，如图 3-31 所示。手机手持云台有自动稳定协调系统，可以实现拍摄过程中的自动稳定平衡，能满足日常拍摄和影视制作所需。只要把手机夹在三轴手机手持云台上，无论手臂是什么动作，手机手持云台都可以自动随着手臂动作调整手机状态，始终让手机处在稳定平衡的角度上。有了它，可以随时随地拍摄高精度、流畅的稳定画面，从而避免因手机抖动造成视频画面模糊等问题。

图 3-30　手机三脚架

图 3-31　手机手持云台

3.3.2 **选择画幅比例**

视频画幅比例指视频画面的宽高比。手机拍摄视频的常见画幅比例有 1:1、16:9、9:16、4:3、3:4等。1:1（正方形）、16:9、9:16 画幅比例分别如图 3-32、图 3-33、图 3-34 所示。

图 3-32 1:1 画幅比例

图 3-33 16:9 画幅比例

图 3-34 9:16 画幅比例

使用手机拍摄视频时，短视频创作者需要合理选择视频的画幅比例，如果选择竖屏拍摄，其画幅比例为 9:16；如果选择横屏（宽屏）拍摄，其画幅比例为 16:9。

选择画幅比例的根据是短视频创作者拍摄视频的用途。如果短视频创作者拍摄的视频要在横屏（宽屏）投影仪上播放，可以选择宽屏拍摄，即 16:9 的画幅比例；如果短视频创作者拍摄的视频要在竖屏广告牌上播放，可以选择竖屏拍摄，即 9:16 的画幅比例；如果短视频创作者拍摄的视频主要用在社交媒体上，那么既可以横屏（宽屏）拍摄，也可以竖屏拍摄，发布前根据实际情况调整视频的画幅比例即可。

> 提示　选择视频画幅比例时，可参考"横屏重内容、竖屏重人物"这一原则。横屏一般以展现人物周边的事物为主，人物在画面中不是主要的拍摄对象；而竖屏基本只能看到一个人的上半身，观众的关注点都在人物身上。Vlog、风景类短视频更适合横屏拍摄，可以在视频的上、下部位放置一些关键信息，帮助观众更好地理解视频内容；生活类、娱乐类短视频则更适合竖屏拍摄，因为竖屏更适合打造 IP 形象，有较强的人物视觉冲击力。

3.3.3　选择视频帧率

简单地说，帧率就是手机（摄像机）每秒拍摄图片的数量，这些图片连续播放就形成了动态视频。通常，视频帧率高于 16fps 时，即每秒视频由 16 张及以上图片构成时，播放的内容处于连贯状态，如果视频帧率低于 16fps，视频播放的内容就不连贯了。帧率越高，视频画面越流畅、越逼真，视频所需要的存储空间也越大。

一般情况下，将短视频的视频帧率设置为 30fps 就可以了。如果短视频创作者要制作高清的短视频，可以将视频帧率设置为 60fps，提升视频的交互感和逼真感。

如果想用手机拍出高清视频，最好在拍摄之前对手机的视频帧率进行设置。以华为 P40 系列手机为例，设置视频帧率的操作如下。

⊙**第 1 步**　在手机上点击"相机"图标，进入相机拍摄页面，点击页面右上角的"设置"按钮，如图 3-35 所示。

> **第2步** 进入"设置"页面，选择"视频帧率"选项，如图 3-36 所示。

图 3-35　点击"设置"按钮

图 3-36　选择"视频帧率"选项

> **第3步** 弹出"视频帧率"选择页面，选择目标帧率（这里以选择 60fps 为例），如图 3-37 所示。

> **第4步** 返回"设置"页面，即可在"视频帧率"一栏中看到所选择的视频帧率，如图 3-38 所示。

图 3-37　选择帧率

图 3-38　"设置"页面

3.3.4 选择拍摄模式

拍摄视频时，短视频创作者可以根据拍摄的环境、对象和要求选择不同的拍摄模式。这里以华为 P40 系列手机为例，介绍使用"相机"中的"录像"模式和"专业"模式拍摄视频的不同。"录像"模式指自动拍摄模式；"专业"模式指手动拍摄模式。另外，点击"相机"中的"更多"按钮，可以看到更多特殊的拍摄模式，如"慢动作""趣 AR""延时摄影""双景录像"等，如图 3-39 所示。

通常情况下，大多数人使用手机拍摄视频时会使用自动拍摄模式，即"录像"模式——直接打开相机，点击"录像"按钮，开始拍摄视频。使用自动拍摄模式时，手机会根据当时的拍摄环境和拍摄对象对画面进行对焦和优化，非常简单，充分体现了手机拍摄方便、简洁、易用的特点。但对于部分喜欢摄影的人来说，想拍摄出更加出色的照片和视频，自动拍摄模式就无法满足需求了，这时可以使用手动拍摄模式，即"专业"模式。使用手机"相机"中的"专业"模式，可以手动控制视频拍摄的所有参数，如图 3-40 所示，拍摄出理想的视觉效果。

图 3-39　更多拍摄模式

图 3-40　"专业"模式

"专业"模式（手动拍摄模式）中，可以调节的常用参数有"M"（测光方式）、"ISO"（感光度）、"S"（快门速度）、"EV"（曝光补偿）、"AF""MF"（对焦方式）、"WB"（白平衡）等，这些常用参数的调节要点见表 3-1。

表 3-1　"专业"模式中常用参数的调节要点

参数名称	调节要点
M （测光方式）	可根据需要选择不同的测光方式。 矩阵测光：对画面整体测光，适合在白天光线均匀的情况下使用，如拍摄自然风景； 中央重点测光：对画面中央区域测光，适合拍摄单独的事物，如拍摄一个人、一棵树、一朵花等； 点测光：对画面中心极小的区域测光，适合拍摄特写镜头，如人物的眼睛、嘴角等

续表

参数名称	调节要点
ISO （感光度）	可衡量底片对于光的敏感程度。ISO值越小，画面越暗；ISO值越大，画面越亮。点击"ISO"后，设置ISO的数值即可进行调节，如镜头光线较弱时，提高感光度；光线充足时，降低感光度。在光线较弱的夜晚，可将ISO数值设置为800～1600；在自然光充足的白天，可将ISO数值设置为200～400
S （快门速度）	S值越小，快门速度越快；S值越大，快门速度越慢。拍摄相对静止的画面时，如拍摄风景时，可以调低快门速度，选择1/80；拍摄相对运动的画面时，如拍摄运动中的运动员、海浪时，可以调高快门速度，选择1/125
EV （曝光补偿）	可用于曝光控制，如光线偏暗时，增加曝光值；光线过亮时，调低曝光值。拍摄白云、雪地等白色为主的物体时，可以增加曝光值，以突显画面的清晰度；拍摄夜晚时分的街道时，可以调低曝光值，以在保证主体曝光的同时保证亮部细节不丢失
AF、MF （对焦方式）	对焦模式，包括AF-S、AF-C、MF这3种模式： AF-S：单次对焦，适合拍摄静止物体，如静止的人物、风景等； AF-C：连续对焦，适合拍摄移动物体，如运动的人物、动物等； MF：手动对焦，通过点击屏幕进行手动对焦
WB （白平衡）	白平衡，用于决定画面的白色量。通过调整白平衡，可以改变画面的色彩风格，有默认、阴天、荧光灯、晴天、自定义等模式。根据环境的不同，可以选择不同的白平衡模式，如阴天选择阴天模式；晴天选择晴天模式

> **提示** 在"专业"模式下，一般把白平衡设置为手动调整，调整整个画面的色温到接近真实环境的效果。确定白平衡后，如果想要获得理想的景深，对焦最好选择MF挡，手动对焦。把快门速度和感光度设置为手动调整后，曝光补偿按钮会变成灰色，画面的亮度全由快门速度和感光度控制。通常，白天将感光度设置为50，将快门速度控制在1/30以内。

3.3.5 选择手动对焦

现在的智能手机都有自动对焦功能，通常情况下，拍摄照片或视频时，只要对准拍摄对象，手机就会根据环境和手机与拍摄对象之间的距离自动调整摄像头焦距，使所拍摄的画面达到最清晰的状态，省去手动对焦的麻烦，同时节省拍摄时间。但在面对以下情况时，需要手动对焦，调整视频画面的亮度和曝光度。

- 微距拍摄。
- 光线不够，环境比较暗。
- 反差很小，拍摄对象是没有明显轮廓线条的物体。
- 隔着透明物体（如玻璃）拍摄。
- 在复杂场景中，拍摄对象前有障碍物遮挡，或很多拍摄对象重叠在一起。

接下来，以华为P40系列手机为例，为大家展示手动对焦的操作。

⊙**第1步** 在手机上点击"相机"图标，选择"录像"模式，可以看到手机自动对焦的画面，如

图 3-41 所示。

◎**第2步** 先点击屏幕选择焦点，即拍摄对象，长按 3 秒，完成锁定对焦，再上下滑动调整画面的亮度和曝光度，直至画面清晰，如图 3-42 所示。

图 3-41 手机自动对焦的画面

图 3-42 手动对焦的画面

大家不要因为怕麻烦而执着于使用自动对焦，有时，手动对焦可以大大提高视频画面的清晰度。

3.4 使用短视频App拍摄短视频

短视频创作者不仅可以使用手机自带的相机拍摄短视频，还可以直接使用短视频 App 拍摄短视频，如抖音、快手、美拍等。此外，短视频创作者还可以直接使用这些 App 编辑短视频，为短视频添加滤镜、贴纸、音乐等元素，制作完成后在平台上发布，吸引平台用户的关注。

3.4.1 使用抖音App拍摄短视频

抖音 App 是由抖音集团研发并运营的短视频创意社交软件，其目标是做一个适合年轻人使用的音乐短视频社区产品，让年轻人可以轻松地表达自己。抖音 App 会根据用户喜好、好友名单、关注账号等信息，自动向用户推荐内容。

短视频创作者可以使用抖音 App 直接拍摄、发布短视频，具体操作步骤如下。

◎**第1步** 在手机上打开抖音 App，进入抖音 App 首页，点击页面下方的"▣"按钮，如图 3-43 所示。

◎**第2步** 进入抖音 App 内容创作页面，可选择视频、照片、文字等多种内容模式。这里以选择"视频"为例，视频内容模式内有分段拍、快拍等模式。这里以选择"快拍"为例，点击"⚫"按钮，即可开始拍摄视频，如图 3-44 所示。

图 3-43　点击"➕"按钮

图 3-44　点击"⬤"按钮拍摄视频

▷**第3步**　拍摄完成后，自动进入短视频编辑页面，可对视频素材进行编辑，添加文字、特效、贴纸等。编辑完成后，点击页面右下角的"下一步"按钮，如图 3-45 所示。

▷**第4步**　进入短视频发布页面，在此页面添加短视频文案、选择短视频封面，并对其他内容进行设置，确认无误后，点击页面右下角的"发布"按钮，如图 3-46 所示。

图 3-45　点击"下一步"按钮

图 3-46　点击"发布"按钮

执行以上操作，即可使用抖音App拍摄并发布一条短视频作品。

3.4.2　使用快手App拍摄短视频

快手App以为用户记录生活为主要目标，是一个围绕"网红""达人"运营的短视频平台，即使是一个"草根"，在快手平台上也可能成为焦点，成为"网红"。

快手App的操作很简单，用户可以直接使用快手App拍摄、发布短视频。使用快手App拍摄、发布短视频的步骤如下。

⊙**第1步** 在手机上打开快手App，进入快手App首页，点击页面下方的"⊡"按钮，如图3-47所示。

⊙**第2步** 进入内容创作页面，可选择拍照、视频、文字等多种内容模式。这里以选择"视频"为例，视频内容模式内有多段拍、随手拍等模式。这里以选择"随手拍"为例，点击"◎"按钮，即可开始拍摄视频，如图3-48所示。

图3-47 点击"⊡"按钮

图3-48 点击"◎"按钮

⊙**第3步** 拍摄完成后，自动进入短视频编辑页面，可对视频素材进行美化、配乐、添加文字等操作。编辑完成后，点击页面右下角的"下一步"按钮，如图3-49所示。

⊙**第4步** 进入短视频发布页面，在此页面添加短视频文案、编辑短视频封面等，确认无误后，点击页面右下角的"发布"按钮，如图3-50所示。

图3-49 点击"下一步"按钮

图3-50 点击"发布"按钮

执行以上操作，即可使用快手App拍摄并发布一条短视频作品。

3.4.3 使用美拍App拍摄短视频

美拍App是厦门美图网络科技有限公司出品的可以直播、美图、拍摄、后期制作的短视频社交软件。美拍App主打直播和短视频拍摄，拥有单独的"频道"模块，通过标签与分类，短视频创作者可以自主选择进入不同的模块，使用不同的功能。

使用美拍App拍摄、发布短视频很简单，具体操作步骤如下。

⊙第1步 在手机上打开美拍App，进入美拍App首页的任意频道，点击页面下方的"＋"按钮，如图 3-51 所示。

⊙第2步 进入内容创作页面，点击"◉"按钮，即可开始拍摄视频，如图 3-52 所示。

⊙第3步 拍摄完成后，点击"☑"按钮，如图 3-53 所示。

图 3-51　点击"＋"按钮

图 3-52　点击"◉"按钮

图 3-53　点击"☑"按钮

⊙第4步 进入短视频编辑页面，在此页面对短视频进行添加音乐、滤镜、文字等操作。编辑完成后，点击页面右上角的"下一步"按钮，如图 3-54 所示。

⊙第5步 进入短视频发布页面，在此页面添加短视频标题、文案，选择短视频封面等，确认无误后，点击页面右下角的"发布"按钮，如图 3-55 所示。

执行以上操作，即可使用美拍App拍摄并发布一条短视频作品。

图 3-54　点击"下一步"按钮　　　　　图 3-55　点击"发布"按钮

 课堂实训

任务一　**常见场景的单反相机视频拍摄技巧**

　　单反相机功能丰富，拍摄出来的视频画质优秀，但各种复杂的拍摄设置让不少拍摄新手望而却步。其实，单反相机的拍摄设置并不像大家想象的那么复杂，只要了解常用的参数，多拍多练，就可以创作出高质量的短视频作品。

　　常见拍摄对象的单反相机拍摄技巧如表 3-2 所示，掌握这些拍摄技巧，不断练习并总结相应的拍摄经验，拍摄技术定能显著提高。

表 3-2　常见拍摄对象的单反相机拍摄技巧

拍摄对象	拍摄技巧
人物	选用 A（Av）挡模式；光圈设置在 f5.6 以内；焦距设置在 50mm 以上；拍摄距离视全身、半身、头部等不同的目标拍摄部位定，使背景虚化；如果光线好，ISO 设置为 100，如果光线不好，ISO 设置为 400 （运动中的人物可使用追拍方式拍摄，详见"运动物体"拍摄技巧）
风景	选用 A（Av）挡模式；光圈设置在 f8 以上；使用广角镜头拍摄
夜景	选用 A（Av）挡模式；光圈设置在 f8 以上，使用小光圈可以使灯光呈现星光效果；使用反光板预升功能，减少按快门频次，注意反光板抬起会引起机震；ISO 设置在 200 以内，尽量延长曝光时间，这样可以使一些无意走过的人不在画面中留下痕迹，净化场景；自定义白平衡或白炽灯；夜间拍摄一定要使用三脚架，保证画面稳定

续表

拍摄对象	拍摄技巧
夜间人像	选用A（Av）挡模式；光圈设置为f8左右；ISO设置为100～400；调节白平衡，设置自动或自定义白平衡；夜间拍摄一定要使用三脚架，保证画面稳定；使用慢速同步闪光，后帘闪光模式，使用此模式，闪光灯会闪两次，按下"快门"按钮时闪一次，曝光结束前闪一次，这期间拍摄对象不能离开画面。这样拍摄，人物清晰，背景霓虹也很漂亮，不会出现背景曝光不足的情况
花、鸟、虫等静物特写	选用A（Av）挡模式；光圈设置为f5.6或以下；焦距设置在50mm以上；尽量在1m内进行拍摄，使背景虚化；如果光线好，ISO设置为100，如果光线不好，ISO设置在400以内
运动物体	一般情况下，选用A（Av）挡模式；光圈可酌情设置，大小光圈均可。拍摄动感视频时，选用S（TV）挡模式；快门速度设置为1/30秒，对焦后按下"快门"按钮的同时，镜头以合适的速度追着拍摄对象移动，呈现效果极具动感
流水或喷泉	选用S（TV）挡模式；快门速度设置为1/50秒左右
烟花	选用A（Av）挡模式；光圈设置在f8以上；使用广角镜头拍摄

任务二　用手机拍摄短视频并上传至抖音App

本项目为大家详细讲解了手机拍摄短视频的相关操作，为了巩固所学的知识，请大家拿出手机，按照以下步骤拍摄一条短视频，并上传到抖音App中完成发布。以华为P40系列手机为例进行操作展示，操作步骤如下。

⊙**第1步**　点击手机中的"相机"图标，选择"录像"功能后，点击页面右上角的"◎"按钮，如图3-56所示。

⊙**第2步**　进入录像设置页面，设置画幅比例、视频分辨率和视频帧率（画幅比例为16:9，视频分辨率为1080p，视频帧率为30fps），如图3-57所示。

图3-56　点击"◎"按钮　　　　　　　图3-57　设置画幅比例、视频分辨率和视频帧率

⊙**第3步** 设置完成后，返回录像页面，点击"▣"按钮开始录像，如图3-58所示。

⊙**第4步** 录制完成后，打开抖音App，进入抖音App首页，点击页面下方的"⊞"按钮，如图3-59所示。

图3-58　开始录像

图3-59　点击"⊞"按钮

⊙**第5步** 进入抖音App内容创作页面，选择"快拍"选项，点击"相册"按钮，如图3-60所示。

⊙**第6步** 进入选择视频/图片页面，在"视频"选项下选择目标视频素材，如图3-61所示。

图3-60　点击"相册"按钮

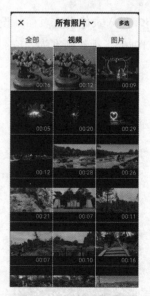

图3-61　选择视频素材

⊙**第7步** 页面自动跳转至短视频作品设置页面，可在该页面中对视频素材进行添加音乐、贴纸等操作，设置完成后，点击"下一步"按钮，如图3-62所示。

第8步 系统自动跳转至发布短视频作品页面，完善作品文案、封面等信息后，点击"发布"按钮，如图 3-63 所示。

图 3-62　短视频作品设置页面

图 3-63　点击"发布"按钮

至此，一个短视频作品从拍摄到编辑、发布的过程全部完成。大家可以根据以上内容，自己拍摄、编辑，并在抖音 App 上发布一个完整的短视频作品。

 # 项目评价

学生自评表

表 3-3　技能自评

序号	技能点	达标要求	学生自评	
			达标	未达标
1	认识单反相机	1.能够说出使用单反相机拍摄短视频的优缺点 2.能够说出单反相机外部结构各部件的用法 3.能够说出单反相机的镜头类型		
2	掌握单反相机的视频拍摄要点	1.能够合理设置单反相机视频拍摄的相关参数 2.能够借助三脚架或手持云台稳定器保证拍摄画面的稳定性		
3	掌握手机的视频拍摄要点	1.能够掌握手机拍摄的防抖技巧 2.能够合理设置手机拍摄的相关参数		

续表

序号	技能点	达标要求	学生自评	
			达标	未达标
4	使用短视频 App 拍摄短视频	1. 能够使用抖音 App 拍摄短视频 2. 能够使用快手 App 拍摄短视频 3. 能够使用美拍 App 拍摄短视频		

表 3-4　素质自评

序号	素质点	达标要求	学生自评	
			达标	未达标
1	洞察能力	1. 具备敏锐的观察力 2. 善于搜集有用的资讯		
2	总结归纳能力	1. 具备较强的分析能力 2. 逻辑思维能力强, 善于整理相关资料并加以总结归纳		
3	独立思考能力和创新能力	1. 遇到问题善于思考 2. 具有解决问题和创新发展的意识 3. 善于提出新观点、新方法		
4	实践能力	1. 具备社会实践能力 2. 具备较强的理解能力, 能够掌握相关知识点并完成项目任务		

教师评价表

表 3-5　技能评价

序号	技能点	达标要求	教师评价	
			达标	未达标
1	认识单反相机	1. 能够说出使用单反相机拍摄短视频的优缺点 2. 能够说出单反相机外部结构各部件的用法 3. 能够说出单反相机的镜头类型		
2	掌握单反相机的视频拍摄要点	1. 能够合理设置单反相机视频拍摄的相关参数 2. 能够借助三脚架或手持云台稳定器保证拍摄画面的稳定性		

续表

序号	技能点	达标要求	教师评价	
			达标	未达标
3	掌握手机的视频拍摄要点	1.能够掌握手机拍摄的防抖技巧 2.能够合理设置手机拍摄的相关参数		
4	使用短视频 App 拍摄短视频	1.能够使用抖音 App 拍摄短视频 2.能够使用快手 App 拍摄短视频 3.能够使用美拍 App 拍摄短视频		

表 3-6　素质评价

序号	素质点	达标要求	教师评价	
			达标	未达标
1	洞察能力	1.具备敏锐的观察力 2.善于搜集有用的资讯		
2	总结归纳能力	1.具备较强的分析能力 2.逻辑思维能力强，善于整理相关资料并加以总结归纳		
3	独立思考能力和创新能力	1.遇到问题善于思考 2.具有解决问题和创新发展的意识 3.善于提出新观点、新方法		
4	实践能力	1.具备社会实践能力 2.具备较强的理解能力，能够掌握相关知识点并完成项目任务		

 思政园地

搭建多元平台，拓宽"大思政"育人空间载体

　　在短视频传播速度极快的时代背景下，抖音、快手、微视、西瓜视频等短视频平台发展得如火如荼，微信、QQ等社交平台，以及今日头条、澎湃新闻等新闻资讯平台也纷纷入局短视频赛道，竖屏短视频内容占比不断攀升。

　　不可忽视的是，如今，各类短视频以无孔不入的姿态"占有"着青年大学生群体的"视觉注意力"。

　　高校思想政治教育工作者应关注受教育者的信息消费偏好，充分利用多元平台，积极探索将短视频作为育人载体的可行性和实操性。实际工作中，可以从以下 4 个方面入手。

　　一是广泛布局，丰富"大思政"育人空间载体。通过校园账号入驻多元平台，实现多渠道内容投放，在潜移默化中引导大学生坚定理想信念，自觉抵制不良信息的影响。

　　二是多级联动，创设"大思政"育人立体课堂。建立以学校各职能部门、学院、教师为引领的短视频 IP 矩阵，延伸高校"大思政"育人产品的触角，强化育人效果。

　　三是拓宽渠道，凝聚"大思政"育人多方合力。与政府、企事业单位、团体机构、社会媒体等主体的短视频账号建立合作关系，推动教育资源的高效整合，打造内外协同的"大思政"育人生态圈，提升育人效能。

　　四是几何辐射，织密"大思政"育人网格。构建由学生喜爱的教师、知名校友、学生意见领袖等组成的次级传播链，使优质短视频内容得到几何级传播，扩大高校"大思政"育人产品的辐射力。

　　总之，通过打造多平台、多层次、多主体、多向度的多维立体对话模式，上下联动、多频共振，释放育人合力。

请针对素材内容，思考以下问题。

①如何拓宽"大思政"育人空间载体？

②将短视频作为育人载体的可行性措施有哪些？

 ## 课后习题

①使用单反相机拍摄一条包含风景画面的短视频，并写下拍摄过程中的得与失。

②使用手机拍摄一条短视频（将画幅比例设置为 16∶9、视频帧率设置为 60fps），拍摄完成后将其上传至抖音 App，并写下拍摄过程中的得与失。

短视频制作的基础知识

 ## 项目导入

　　短视频制作主要指对拍摄完成的视频素材进行后期剪辑，对多个杂乱的视频素材进行有序整合，"取其精华，去其糟粕"，生成条理清晰、画面精美的短视频作品的过程。短视频制作是短视频创作过程中非常关键的环节，通过制作，可以让视频素材更具观赏性和吸引力。

　　本项目为大家讲解短视频制作的规范和步骤，以及短视频制作的注意事项。短视频创作者熟练掌握短视频制作的要点以后，不仅可以提高短视频制作的速度，还能提升短视频作品的品质。

 ## 学习目标

💡 知识目标

①学生能够说出短视频的分辨率要求。
②学生能够说出短视频的时长要求。
③学生能够说出短视频的格式要求。
④学生能够说出短视频制作过程中的注意事项。

💡 能力目标

①学生能够掌握整理视频素材的方法。
②学生能够掌握素材剪辑及检验的方法。
③学生能够为短视频添加音乐、字幕、特效。
④学生能够导出符合要求的短视频作品。

素质目标

①学生具备敏锐的洞察能力。
②学生具备总结归纳能力。
③学生具备独立思考能力。
④学生具备较强的实践能力。

项目实施

4.1 短视频的制作规范

短视频制作并不简单。观看一段短视频通常只需要几分钟，但制作一段短视频需要花费大量的时间和精力。短视频制作的每一个细节，如分辨率、时长、格式等，都需要严格遵循相关平台关于短视频制作的规范、要求。

4.1.1 短视频的分辨率要求

各大短视频平台都对短视频的视频分辨率有一定的要求，例如，抖音、快手两大平台上的短视频作品主要为竖版短视频作品，分辨率不低于720×1280。创作者可以在拍摄短视频时就将分辨率设置为720×1280或1080×1920，也可以制作或上传横版视频，分辨率为1280×720或1920×1080。

淘宝主图短视频与短视频App上的短视频有一定的差别，淘宝主图短视频多为正方形短视频，长宽比例为1∶1，分辨率要求不低于540×540，推荐将分辨率设置为800×800。

其他主流视频平台，例如，哔哩哔哩、爱奇艺、优酷等平台，建议创作者制作横版高清视频，其分辨率建议设置为1920×1080。除此之外，某些平台虽然支持上传更大分辨率的视频，例如，西瓜视频支持上传4K视频分辨率的视频，即3840×2160，但是上传后平台也会将视频压缩至1080P分辨率，即1920×1080。

4.1.2 短视频的时长要求

各大短视频平台对短视频的时长有不同的要求，甚至同一短视频平台在其发展的不同时期对短视频的时长也有不同的要求。例如，抖音平台最初仅支持发布15秒的短视频，但随着平台的发展，抖音视频的支持时长先由15秒增加到60秒、5分钟，再增加到如今的15分钟。

再说其他平台，淘宝主图短视频的时长不得超过1分钟，且一个短视频只能绑定一个商品；西瓜视频和爱奇艺没有强制规定短视频的时长，只是明确表示短视频的大小需要在8GB以内；哔哩哔哩限制单个视频时长最长为10小时，已不属于"短视频"。

短视频的时长范围目前没有明确规定，但我们可以根据不同平台的属性来制作短视频并发布到相应平台。例如，短视频作品时长为 5 分钟，可以直接上传到西瓜视频等主流平台。

4.1.3 短视频的格式要求

目前，大部分短视频平台支持上传常用视频格式的短视频。例如，最为常见的视频格式是MP4，此外，还有 FLV、AVI、WAV、MOV、WebM、M4V、MPEG-4 等视频格式。视频格式的专业术语为视频的封装格式，视频制作软件或者摄像设备通过不同的编码格式对视频进行处理，得到文件后缀。MP4 格式最为常见，因为该视频格式兼容性强，有能够在不同的对象之间灵活分配码率、能够在低码率的情况下获得较高的清晰度等优点。

抖音平台目前仅支持上传 MP4 格式的短视频，如果短视频创作者想发布的短视频作品并非MP4 格式，需要先进行格式转换，再上传。快手平台支持的视频格式也以 MP4 为主。淘宝支持所有视频格式的主图短视频，其后台会对上传的短视频进行统一转码审核，但需要注意的是，GIF 动态图片格式是淘宝不支持的。

4.2 短视频制作的基本步骤

短视频制作不同于文字创作，除了需要理清短视频制作思路，还需要精准把控故事走向，对素材进行整理，对镜头进行筛选，并为短视频作品添加声音、字幕、特效等。短视频制作有 4 个基本步骤，分别为整理原始素材，素材剪辑及检验，添加音乐、字幕、特效，导出符合要求的短视频。

4.2.1 整理原始素材

整理原始素材是短视频制作的第一个步骤，在这个步骤中，短视频制作者需要完成 3 件事，如图 4-1 所示。

图 4-1　整理原始素材的 3 件事

1. 熟悉素材

短视频制作者拿到前期拍摄的素材后，一定要将所有素材浏览 1～2 遍，熟悉原始素材，剔除无效素材，即拍摄效果不佳的素材。在熟悉素材的过程中，短视频制作者需要对每条素材建立基本印象，方便接下来配合剧本整理制作思路。

2. 整理思路

熟悉素材后，短视频制作者需要将素材与剧本结合，整理出清晰的制作思路，也就是完整短视频的制作构架。这项工作可能需要编导人员参与，短视频制作者负责提出一些建设性意见，配合编导人员完善故事细节。

3. 镜头分类

有了整体制作思路之后，短视频制作者需要按照制作思路对素材进行筛选、分类，最好是将不同场景的系列镜头分类整理到不同的文件夹中。这个工作可以在短视频制作软件的项目管理中完成，分类主要是方便素材管理和后续制作。短视频制作者也可以重命名所有可用的视频素材，按照使用时间对视频素材进行归纳整理。

视频素材的整理流程有 3 步，具体的步骤与规范如图 4-2 所示。

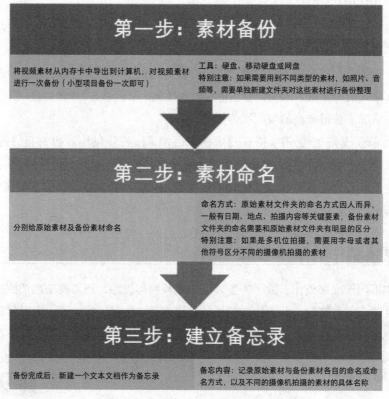

第一步：素材备份

将视频素材从内存卡中导出到计算机，对视频素材进行一次备份（小型项目备份一次即可）

工具：硬盘、移动硬盘或网盘
特别注意：如果需要用到不同类型的素材，如照片、音频等，需要单独新建文件夹对这些素材进行备份整理

第二步：素材命名

分别给原始素材及备份素材命名

命名方式：原始素材文件夹的命名方式因人而异，一般有日期、地点、拍摄内容等关键要素，备份素材文件夹的命名需要和原始素材文件夹有明显的区分
特别注意：如果是多机位拍摄，需要用字母或者其他符号区分不同的摄像机拍摄的素材

第三步：建立备忘录

备份完成后，新建一个文本文档作为备忘录

备忘内容：记录原始素材与备份素材各自的命名或命名方式，以及不同的摄像机拍摄的素材的具体名称

图 4-2　视频素材整理的步骤与规范

4.2.2 素材剪辑及检验

拍摄视频素材后，为了让短视频作品呈现更好的视觉效果，需要对视频素材进行剪辑。很多人误以为短视频是一镜到底拍出来的，经常简单地给拍摄完成的短视频加一个背景音乐就发布，传播效果可想而知。素材剪辑是必要的，通常，素材剪辑分为粗剪和精剪两个环节。

1. 素材粗剪及检验

素材粗剪相当于为完整的短视频作品搭建一个整体框架，对多个视频素材进行拼接，保证短视频情节完整，便于进行更加精准的细节处理。例如，确定短视频作品有哪些部分，各部分应该如何排序，从而制作一个有开头、有中间、有结尾的完整短视频。

将素材分类整理完成后，剪辑人员需要在视频编辑软件中对素材进行拼接剪辑，先挑选合适的镜头，将作品的分镜头流畅地剪辑出来，再按照剧本（脚本）的叙事方式对作品的分镜头进行拼接。如此一来，短视频作品的结构性剪辑就基本完成了。

使用剪映 App，可以很方便地将多个视频素材合并拼接成一个短视频作品，具体操作步骤如下。

⊙**第1步** 打开剪映App，点击"开始创作"按钮，如图4-3所示。

⊙**第2步** 进入视频/照片选择页面，勾选一段或多段视频素材，点击"添加"按钮，如图4-4所示。

⊙**第3步** 页面跳转至视频编辑页面，即可看到几个视频素材合成的短视频作品，如图4-5所示。

后续，剪辑人员可以在这个短视频作品的基础上进行素材精剪和其他剪辑操作。

图 4-3　点击"开始创作"按钮　　图 4-4　添加视频素材　　图 4-5　合成短视频作品

素材粗剪后，剪辑人员需要对粗剪完成的短视频作品进行检验。检验的主要方式是将短视频作品仔细看一遍，确保分镜头的顺序与剧本（脚本）相符，以及所用的素材是素材库中的最优素材。

2. 素材精剪及检验

素材精剪可以说是短视频剪辑中最重要的一步，因为每一帧剪辑成果都会体现在最终的短视频作品中，影响观众的观看体验。

粗剪是构建短视频作品的叙事顺序，精剪则是对短视频作品的节奏、氛围等进行精细调整。首先，剪辑人员需要在不影响剧情的基础上，修剪掉拖沓的素材，让视频镜头更加紧凑。其次，剪辑人员需要通过二次剪辑，让短视频的情绪氛围及主题得到进一步升华。

如果想要在合成好的短视频作品中增减视频素材也是非常简单的。以图4-5中的短视频作品为例，使用剪映App增减视频素材，具体操作步骤如下。

⊙**第1步** 增添视频素材，在视频编辑页面点击视频末尾的"⊞"按钮，如图4-6所示。

⊙**第2步** 页面跳转至视频/照片选择页面，勾选一段或多段视频素材，点击"添加"按钮，如图4-7所示，即可在原短视频作品的基础上添加目标视频素材。

图 4-6　点击"+"按钮

图 4-7　点击"添加"按钮

⊙第3步　删减视频片段，在视频编辑页面点击功能列表中的"剪辑"按钮，如图 4-8 所示。

⊙第4步　跳转至剪辑视频页面，选中需要删减的视频片段，点击功能列表区域中的"删除"按钮，如图 4-9 所示，即可删减目标视频片段。

图 4-8　点击"剪辑"按钮

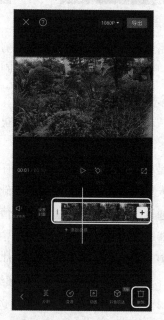

图 4-9　点击"删除"按钮

精剪完成后也需要进行检验，主要目的是查看短视频作品是否有画面搭配不太合适、出现重复镜头、出现空白镜头、丢帧等情况。

4.2.3 ▶ 添加音乐、字幕、特效

经过素材粗剪和精剪，短视频作品已初步制作完成，但为了使视频效果更加出色，还需要对短视频作品进行进一步优化，比如，为短视频作品添加音乐、字幕、特效。

1. 添加音乐

短视频的配乐风格是短视频风格构成的重要部分，能够增加短视频作品的真实感、代入感，起到渲染气氛的作用。短视频创作者应该掌握一些给短视频添加音乐的基本方法，以便快速为短视频添加合适的音乐，提高短视频作品的吸引力。下面以剪映App为例，为大家讲解为短视频添加音乐的方法，具体操作步骤如下。

◉第1步 在剪映App中添加一段视频素材后，在视频编辑页面的功能列表区域点击"音频"按钮，如图4-10所示。

◉第2步 在弹出的"音频"功能菜单中点击"音乐"按钮，如图4-11所示。

图4-10　点击"音频"按钮　　　　　　　图4-11　点击"音乐"按钮

◉第3步 系统自动跳转到"音乐"页面，点击目标音乐，可以进行试听。确定使用某音乐后，点击该音乐对应的"使用"按钮，如图4-12所示。

◉第4步 返回视频编辑页面，即可看到所添加的音乐，如图4-13所示。

图 4-12　点击"使用"按钮　　　　　　　图 4-13　成功添加音乐的视频

导入音乐后，还可以对音乐素材进行更细节的调整，如调整音量、淡化、分割、踩点等。

2. 添加字幕

在短视频作品中添加字幕，既能帮助观众理解短视频内容，也能提高观众的观看体验。给短视频添加字幕的方法主要有手动输入和系统识别两种。

（1）手动输入字幕

通过手动输入文本添加字幕非常简单，以剪映 App 为例，具体操作步骤如下。

⊙**第1步**　在剪映 App 中打开一段视频素材，在视频编辑页面的功能列表区域点击"文字"按钮，如图 4-14 所示。

⊙**第2步**　在弹出的"文字"功能菜单中点击"新建文本"按钮，如图 4-15 所示。

⊙**第3步**　在弹出的键盘页面中输入字幕文本，点击"▼"按钮，即可生成字幕，如图 4-16 所示。此外，创作者可以根据视频画面选择添加花字、气泡、动画等效果。

图 4-14　点击"文字"按钮　　　图 4-15　点击"新建文本"按钮　　　图 4-16　生成字幕

（2）自动识别字幕

在字幕文本较多的情况下，手动输入较为烦琐，可以通过自动识别字幕的方式添加字幕，以剪映App为例，具体操作步骤如下。

⊙**第1步** 在剪映App中打开一段有配音的视频素材，在视频编辑页面的功能列表区域点击"文字"按钮，如图4-17所示。

⊙**第2步** 在弹出的"文字"功能菜单中点击"识别字幕"按钮，如图4-18所示。

图4-17 点击"文字"按钮

图4-18 点击"识别字幕"按钮

⊙**第3步** 在弹出的提示页面中点击"开始匹配"按钮，如图4-19所示。

⊙**第4步** 返回视频编辑页面，即可看到系统自动识别并匹配的字幕信息，如图4-20所示。

图4-19 点击"开始匹配"按钮

图4-20 系统识别并匹配的字幕信息

系统自动识别并匹配字幕后，创作者可以根据视频画面调整字幕的样式、大小、位置等。如果系统自动识别并匹配的字幕中有错别字，创作者可以对字幕进行手动编辑。

> **提示** 制作字幕时，一定要保证字幕够大、够清楚，且停留时间足够长、位置尽量固定。

3. 添加特效

要想让自己的短视频作品更受欢迎，可以为短视频添加一些特效，使其有更好的视觉效果。目前，绝大部分视频编辑软件有添加特效功能，大家按需要进行添加即可。下面以剪映App为例，介绍为视频画面增加"飘落花瓣"特效的方法，具体操作步骤如下。

⊙**第1步** 在剪映App中打开一段视频素材，在视频编辑页面的功能列表区域点击"特效"按钮，如图4-21所示。

⊙**第2步** 在弹出的"特效"功能菜单中点击"画面特效"按钮，如图4-22所示。

⊙**第3步** 在弹出的特效页面中选择目标特效（这里选择"飘落花瓣"特效），点击"■"按钮，即可为视频画面添加特效，如图4-23所示。

图4-21　点击"特效"按钮　　图4-22　点击"画面特效"按钮　　图4-23　添加特效

添加特效后，创作者可以调整特效的相关参数，如速度、不透明度等。大家可以根据自己的需求和爱好增加特效。

4.2.4 导出符合要求的短视频

完成对短视频的剪辑、加工后，即可按照发布平台的要求导出视频文件。下面以剪映App为例，介绍短视频成品导出的方法，具体操作步骤如下。

⊙**第1步** 点击视频编辑页面右上角的"导出"按钮，如图4-24所示。

⊙**第2步** 系统自动跳转至导出页面，如图 4-25 所示。

⊙**第3步** 导出进度条到达 100% 后，系统会提示"保存到相册和草稿"，即成功导出了目标短视频作品，如图 4-26 所示。

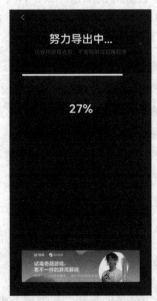

图 4-24　点击"导出"按钮　　　　图 4-25　导出页面　　　图 4-26　成功导出目标短视频作品

导出成功后，创作者可以在手机相册中查看导出的短视频作品，并将其上传、发布至目标短视频平台。

4.3 短视频制作的注意事项

短视频后期制作是十分考验创作者"功力"的一件事，很多新人创作者没有短视频后期制作经验，制作出来的短视频作品观赏性和吸引力都很有限。下面介绍短视频制作的注意事项，帮助创作者更好地掌握短视频制作的方法和技巧。

4.3.1 剪辑后情节应重点突出

大部分短视频作品是在讲述一件事或一个故事。摄像人员拍摄视频素材时，需要完全按照剧本操作，将所有情节像记录流水账一样用镜头记录下来，部分镜头可能会需要多次拍摄。剪辑人员拿到视频素材后，对视频素材的处理方式和处理思路与摄像人员完全不同。

剪辑人员的职责是通过短视频向观众讲述一个故事，这个故事一定是有开端、有高潮、有结尾的。在剪辑人员的"操刀"下，剧情类短视频的重点情节应当被突出强调；搞笑类短视频的节奏应当处理得当；教学类短视频的关键教学步骤应当被重点讲解。由于短视频在播放时长上有特殊性，剪辑短视频时，剪辑人员应当用最简洁的镜头介绍故事的背景，不对非重点情节过多着墨，做到"详略得当、重点突出"。

4.3.2 配音与背景音乐要烘托气氛

配音与背景音乐是决定短视频氛围的关键因素，剪辑人员在进行这方面的处理时，需要先判断短视频的氛围是什么，再寻找目前短视频平台上相同氛围的热门背景音乐，这样才算遵循了"既合适，又热门"的短视频配乐原则。

判断短视频的氛围，即分析目标短视频的情绪氛围是悲伤、欢快，还是搞怪，以便为短视频寻找情绪氛围相同的背景音乐。例如，某短视频作品展示的是喜庆的婚礼场景，所以选用的背景音乐是甜蜜、浪漫的《今天你要嫁给我》，如图 4-27 所示。

如果将上述短视频作品中的背景音乐换成悲伤、沉重风格的音乐，显然是不合适的。短视频剪辑人员要学会用正确的背景音乐与配音烘托短视频氛围，才不至于贻笑大方，并更好地放大短视频作品的表达效果。

图 4-27 某短视频作品的配乐

4.3.3 加上片头片尾更显专业

有头有尾的短视频作品更容易获得观众的青睐。如果某个账号发布的每条短视频都有固定的片头和片尾，能很好地加深观众对该账号的印象。

比如，某旅游类短视频账号，博主会在每个作品的开头都加上一句固定的开场白："一生游遍中国。"长此以往，这句开场白成了该博主的一个独特标志，很多观众一听到这句话，就会想起这个博主，如图 4-28 所示。

图 4-28 某短视频账号的作品的固定片头

又如，某情感类短视频账号，博主会在每个作品的结尾提醒观众，如果觉得视频内容有用，就一键三连（点赞、评论、收藏该作品），如图 4-29 所示，久而久之，也成了观众熟悉的一句"告别语"。

图 4-29　某短视频账号的作品的固定片尾

 课堂实训

任务一　制作变声配音，增加趣味性

为了增加短视频的趣味性，部分短视频创作者会对台词进行变声处理，如男声变女声、成人声变动漫声、普通话变方言。下面以剪映 App 为例，介绍将短视频中的正常人声变成复古黑胶声的方法，具体操作步骤如下。

⊙**第1步**　在剪映 App 中添加一段有配音的视频素材后，在视频编辑页面的功能列表区域点击"剪辑"按钮，如图 4-30 所示。

⊙**第2步**　在弹出的"剪辑"功能菜单中点击"变声"按钮，如图 4-31 所示。

⊙**第3步**　在弹出的"变声"页面中点击"复古"选项下的"黑胶"按钮，如图 4-32 所示，即可完成变声配音。

图 4-30　点击"剪辑"按钮　　　图 4-31　点击"变声"按钮　　　图 4-32　点击"黑胶"按钮

任务二　为短视频画面调色

很多唯美的短视频画面是通过后期调色加以呈现的，比如，通过后期调色为短视频画面添加霓虹光感效果、蓝色梦幻海景效果、洁白纯净的雪景效果、浪漫的落日效果、具有年代烙印的复古效果等。下面介绍使用剪映App对短视频中的樱花画面进行调色的方法，具体操作步骤如下。

▷**第1步**　在剪映App中打开一段视频素材后，在视频编辑页面的功能列表区域点击"滤镜"按钮，如图4-33所示。

▷**第2步**　在弹出的"滤镜"页面中点击"风景"选项，选择"晚樱"滤镜后点击"■"按钮，即可成功为短视频画面添加"晚樱"滤镜，如图4-34所示。

图4-33　点击"滤镜"按钮

图4-34　添加"晚樱"滤镜

通过为短视频画面添加"晚樱"滤镜，可以让短视频中的樱花颜色更加鲜艳，完美呈现樱花飘落的浪漫氛围。

 项目评价

学生自评表

表4-1　技能自评

序号	技能点	达标要求	学生自评	
			达标	未达标
1	了解短视频的制作规范	1.能够说出短视频的分辨率要求 2.能够说出短视频的时长要求 3.能够说出短视频的格式要求		

续表

序号	技能点	达标要求	学生自评	
			达标	未达标
2	掌握制作短视频的基本步骤	1.能够掌握整理短视频素材的方法 2.能够对短视频素材进行剪辑及检验 3.能够为短视频添加音乐、字幕、特效 4.能够导出符合要求的短视频作品		
3	了解短视频制作的注意事项	1.能够通过剪辑使短视频的情节重点突出 2.能够为短视频添加烘托气氛的配音与背景音乐 3.能够为短视频添加合适的片头与片尾		

表4-2 素质自评

序号	素质点	达标要求	学生自评	
			达标	未达标
1	洞察能力	1.具备敏锐的观察力 2.善于搜集有用的资讯		
2	总结归纳能力	1.具备较强的分析能力 2.逻辑思维能力强，善于整理相关资料并加以总结归纳		
3	独立思考能力和创新能力	1.遇到问题善于思考 2.具有解决问题和创新发展的意识 3.善于提出新观点、新方法		
4	实践能力	1.具备社会实践能力 2.具备较强的理解能力，能够掌握相关知识点并完成项目任务		

教师评价表

表4-3 技能评价

序号	技能点	达标要求	教师评价	
			达标	未达标
1	了解短视频的制作规范	1.能够说出短视频的分辨率要求 2.能够说出短视频的时长要求 3.能够说出短视频的格式要求		

续表

序号	技能点	达标要求	教师评价	
			达标	未达标
2	掌握制作短视频的基本步骤	1.能够掌握整理短视频素材的方法 2.能够对短视频素材进行剪辑及检验 3.能够为短视频添加音乐、字幕、特效 4.能够导出符合要求的短视频作品		
3	了解短视频制作的注意事项	1.能够通过剪辑使短视频的情节重点突出 2.能够为短视频添加烘托气氛的配音与背景音乐 3.能够为短视频添加合适的片头与片尾		

表 4-4　素质评价

序号	素质点	达标要求	教师评价	
			达标	未达标
1	洞察能力	1.具备敏锐的观察力 2.善于搜集有用的资讯		
2	总结归纳能力	1.具备较强的分析能力 2.逻辑思维能力强，善于整理相关资料并加以总结归纳		
3	独立思考能力和创新能力	1.遇到问题善于思考 2.具有解决问题和创新发展的意识 3.善于提出新观点、新方法		
4	实践能力	1.具备社会实践能力 2.具备较强的理解能力，能够掌握相关知识点并完成项目任务		

思政园地

"乡村苕哥"创作短视频成"网红"，
不仅带火了本村旅游，还能带货

提起"张巴哥"和"三姐"，新洲地区的居民一点都不陌生，他们不少人在抖音上看过一个名为"乡村苕哥"的账号发布的短视频作品，短视频作品中主人公的名字便是"张巴哥"和"三姐"。

"乡村茗哥"的段子以演绎新洲农村乡土风情为主。账号主人是谢成林，他的妻子、侄子，还有一名合伙人，和他一起组合成为这个账号的运营团队。

2020 年 6 月，谢成林收到村干部的邀请，得知新洲区相关部门组织了一场电商培训，请来专业老师教村民如何玩转电商平台。谢成林当即决定报名参加培训。接受培训后，谢成林决定尝试直播带货。

村干部获悉谢成林的打算后，主动给予支持和帮扶。为了让他们练手，村里专门腾出了一间办公室，给谢成林等 4 个人用于开办工作室。谢成林迅速在抖音上注册账号，开始网络直播带货。当时，村里种植了不少小香薯，面临滞销，大伙便决定直播带货卖小香薯。谢成林"茗哥"的名号便由此而来。

谁知，干了一段时间，直播间"垮"了——账号的关注度低迷，直播带货始终不见起色。陆陆续续，与谢成林合作的 3 个人都退出了工作室，另谋出路，谢成林不得不回了家，把精力放回了种田上。

思前想后，谢成林还是放不下"做电商"这件事，他想起培训时老师教过大家如何剪辑，便开始琢磨拍短视频。说干就干，谢成林和妻子商议后，于 2021 年 6 月重新注册了抖音账号"乡村茗哥"，小有所成。

如今，谢成林不仅创作短视频，还重新涉足直播带货，推广家乡的土特产，比如汪集鸡汤、张店鱼面等。现在，谢成林团队的月收入能够达到 6 万余元，比以前的收入高多了。

在谢成林团队的推广下，不少人来村里参观，走的时候或多或少地会买一些村里的土特产，不仅带动旅游产业发展，也带动村民创收。

2023 年，越来越多的同村村民开始涉足短视频创作和直播带货了。

请针对素材内容，思考以下问题。

①短视频的风靡，对农村经济的发展起到了什么作用？

②想创作展示乡村风土人情的短视频，应如何选择创作主题？

 课后习题

①先后对短视频进行粗剪和精剪，将几段视频素材合并成一条短视频，删减多余的视频片段。完成剪辑与制作后，写下剪辑与制作过程中的得与失。

---

2. 为一条拍摄好的美食制作类短视频添加背景音乐、字幕和特效。完成剪辑与制作后，写下剪辑与制作过程中的得与失。

用 Premiere/ 剪映 App 剪辑短视频

项目导入

短视频后期制作是一项技术含量很高的工作，需要使用专业的视频编辑软件对前期拍摄的短视频素材进行处理。短视频创作者需要熟练掌握专业视频编辑软件的操作技巧，运用高超的剪辑技术，高效、快速地制作优秀的短视频作品。

在众多视频编辑软件中，最常用的电脑端视频编辑软件是 Premiere、手机端视频编辑软件是剪映 App。本项目为大家分别讲解这两款视频编辑软件的操作方法和短视频剪辑技巧。

学习目标

♀ 知识目标

①学生能够说出使用 Premiere 剪辑短视频的基本步骤。
②学生能够说出使用剪映 App 剪辑短视频的基本步骤。
③学生能够对剪映 App 工作页面的构成做到心中有数。

♀ 能力目标

①学生能够使用 Premiere 剪辑短视频。
②学生能够使用剪映 App 剪辑短视频。

♀ 素质目标

①学生具备敏锐的洞察能力。
②学生具备总结归纳能力。
③学生具备独立思考能力。

④学生具备较强的实践能力。

 项目实施

5.1 用Premiere剪辑短视频

Premiere即Adobe Premiere，是Adobe公司推出的一款功能强大的专业视频编辑软件，能够对不同类型的视频进行后期剪辑与制作。使用Premiere进行剪辑时，短视频创作者可以完全按照自己的思路处理视频、音频、多轨道画面。另外，Premiere拥有众多插件，如转场插件、特效调色插件、三维插件、跟踪插件等，使用这些插件，短视频作品可以获得更强大的表现力和更精美的画面。

5.1.1 新建项目并导入素材

使用Premiere剪辑短视频前，需要新建剪辑项目并导入素材。使用Premiere新建项目并导入素材的具体操作步骤如下。

◎**第1步** 打开Premiere Pro 2022，先在菜单栏中单击"文件"菜单，再依次单击"新建"→"项目"命令，如图5-1所示。

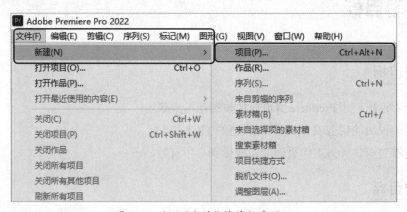

图5-1 使用"文件"菜单新建项目

◎**第2步** 在弹出的"新建项目"对话框中输入新建项目的名称"5.1.1"，修改文件存储位置，如图5-2所示，修改后单击"确定"按钮。

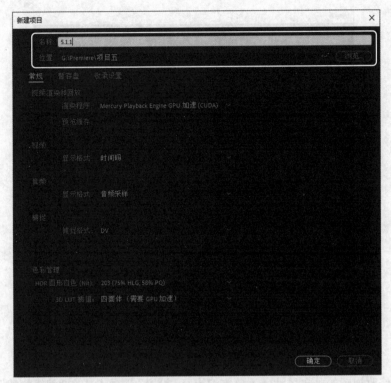

图 5-2　修改项目名称和存储位置

⊙**第3步** 在"项目"面板的空白处点击鼠标右键，在弹出的快捷菜单中单击"新建项目"命令，在展开的子菜单中单击"序列"命令，如图 5-3 所示。

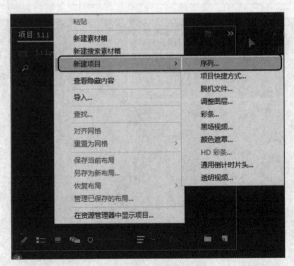

图 5-3　使用鼠标右键新建序列

⊙**第4步** 完成以上操作后即可弹出"新建序列"对话框，在"序列预设"选项卡下的"可用预设"列表框中选择"标准 48kHz"选项，在"序列名称"文本框中输入序列名称"总合层"，如图 5-4 所示，修改后单击"确定"按钮。

图 5-4　修改"序列预设"

⊙ **第5步** 修改视频的画幅尺寸，可单击切换至"设置"选项卡，在"编辑模式"列表框中选择"自定义"选项，设置"帧大小"参数为"1080"水平和"1920"垂直，设置"像素长宽比"为"方形像素(1.0)"，如图 5-5 所示，修改后单击"确定"按钮。

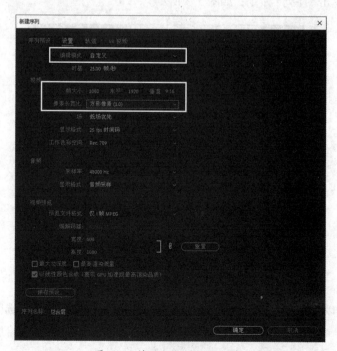

图 5-5　修改视频的画幅尺寸

⊙**第6步** 完成新建序列的操作后，即可在项目面板中看到画幅比例已调整为竖屏6:19，效果
如图5-6所示。

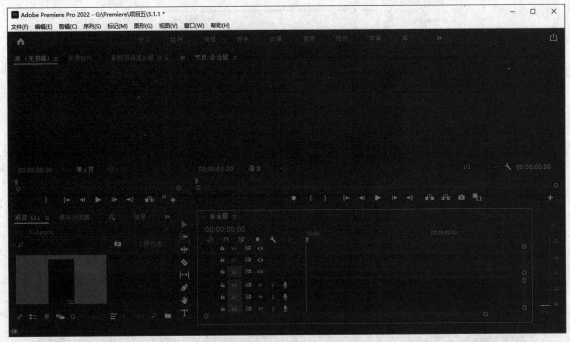

图5-6　画幅效果

⊙**第7步** 项目新建完成后，开始导入素材。在项目面板的空白处单击鼠标右键，在弹出的快
捷菜单中单击"新建素材箱"命令，如图5-7所示。

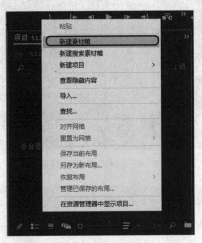

图5-7　单击"新建素材箱"命令

⊙**第8步** 双击素材箱面板的空白处，即可打开"导入"对话框。在目标文件夹中选择需要导入
的视频素材、图片素材、音频素材后，单击"打开"按钮，如图5-8所示。

图 5-8　选择目标素材后单击"打开"按钮

⊙**第9步** 将选择的所有素材添加至素材箱面板，最终效果如图 5-9 所示。

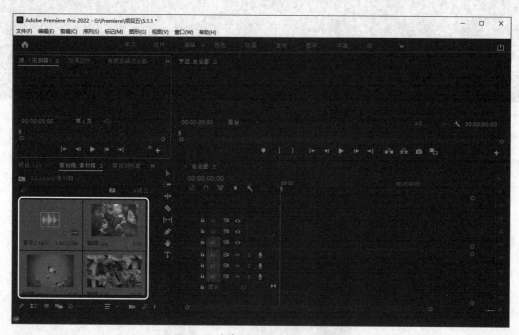

图 5-9　将素材添加至素材箱面板

> **提示** 使用 Adobe Premiere 导入素材时，如果素材量较大，种类较多，建议多新建几个素材箱，并及时修改素材箱和素材的名称，做好素材管理。导入素材时，并不需要一次性准备好全部素材，可以根据需要，随时添加导入素材。

5.1.2　素材的剪切与拼接

导入素材后，可以对素材中无用的部分进行剪切，随后，对留下的素材进行拼接，具体操作步骤如下。

第1步 打开 Premiere Pro 2022，新建项目，并导入两段视频素材。接下来，用素材 1 进行剪切讲解，用素材 2 进行拼接讲解。

第2步 新建序列。将素材 1 拖曳到项目面板右下角的"新建项"按钮上，新建项目序列，如图 5-10 所示。

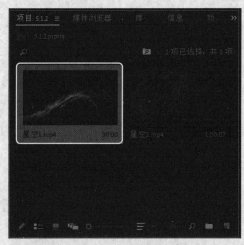

图 5-10　新建项目序列

第3步 标记视频剪切部分的开头。缓慢拖曳蓝色时间标尺，浏览视频画面，将标尺拖曳至需要剪切的部分的开头处，单击"标记入点"按钮，标记视频剪切部分的开头，如图 5-11 所示。

图 5-11　标记视频剪切部分的开头

⊙第4步 标记视频剪切部分的结尾。继续拖曳蓝色时间标尺，浏览视频画面，将标尺拖曳至需要剪切的部分的结尾处，单击"标记出点"按钮，标记视频剪切部分的结尾，如图 5-12 所示。

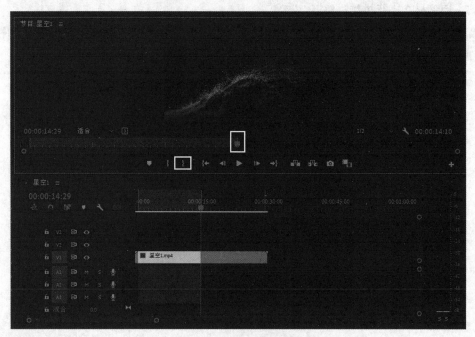

图 5-12　标记视频剪切部分的结尾

⊙第5步 对视频进行剪切。标记完成后就可以对视频进行剪切了，单击"剃刀"工具，分别在视频的开头与结尾处进行剪切，如图 5-13 所示。

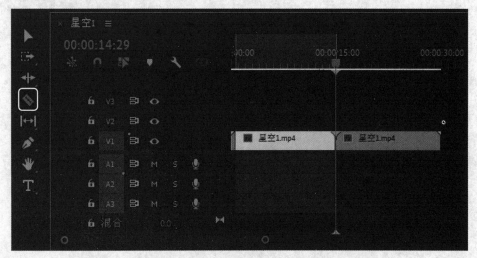

图 5-13　进行视频剪切

⊙第6步 删除不需要的视频片段。单击"选择"工具，选择需要删除的视频片段，按"Delete"键即可完成删除。若有两段或两段以上需要删除的视频片段，需要分别进行"选择"与"删除"操作，如图 5-14 所示。

图 5-14　删除不需要的视频片段

⊙第7步 删除所选择的视频片段后，效果如图 5-15 所示。

图 5-15　删除所选择的视频片段后的效果

⊙第8步 调整视频位置。将时间轨道中的视频片段拖曳到播放起点，如图 5-16 所示。完成后的效果如图 5-17 所示。

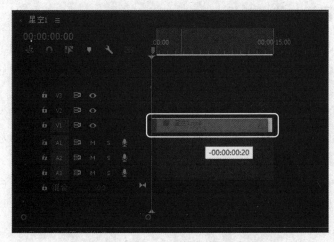

图 5-16　拖曳视频片段到播放起点

图 5-17　调整视频位置后的效果

▷**第9步**　用同样的方法将素材 2 拖曳到时间轨道中，剪切并删除不需要的内容后将其调整至素材 1 的后面，完成后的效果如图 5-18 所示。

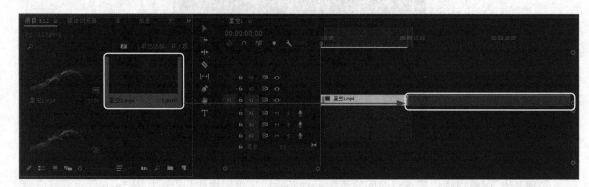

图 5-18　拼接素材后的效果

5.1.3 　为视频片段添加转场效果

短视频的片段与片段之间需要有合适的转场，转场的作用在于衔接前后两个视频片段，让观众在视觉上可以从上一个视频片段流畅且自然地进入下一个视频片段。前后视频片段间用于衔接的不同效果名为转场效果。

有了转场效果的过渡，前后视频片段的衔接就会显得很自然，而且具有一定的趣味性。在视频转场效果中，最常见的效果是叠化效果（溶解效果）。下面介绍使用 Premiere 为视频素材添加转场效果的方法，具体操作步骤如下。

▷**第1步**　打开 Premiere pro 2022，新建项目后导入视频素材，并选择所有视频素材，将其按顺序拖曳到时间轴中，如图 5-19 所示。

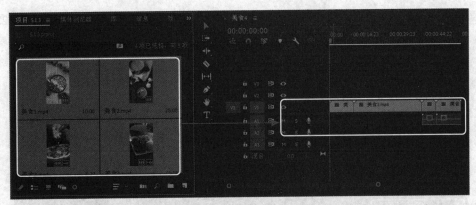

图 5-19　将视频素材拖曳到时间轴中

⊙**第2步**　单击"剃刀"工具，通过剪辑修改视频素材的长度，并分离视频素材和音频素材，删除多余的音频素材，如图 5-20 所示。

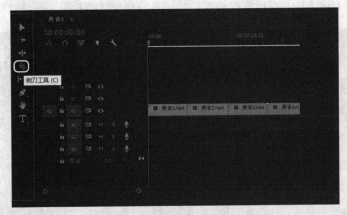

图 5-20　对视频素材进行处理

⊙**第3步**　单击"效果"选项，在"效果"面板中单击"视频过渡"中的"溶解"选项，如图 5-21 所示。

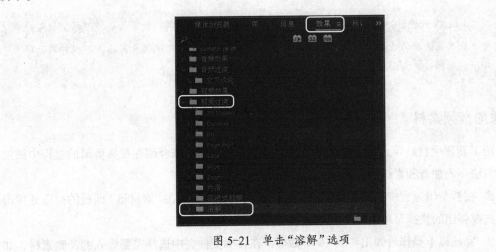

图 5-21　单击"溶解"选项

⊙**第4步** 将"溶解"选项中的"交叉溶解"标签拖曳到两段视频素材的交界处,如图 5-22 所示。

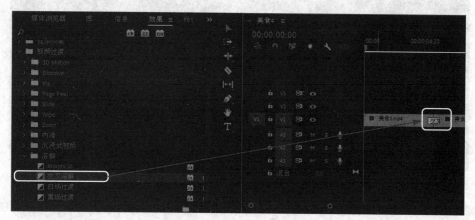

图 5-22 将"交叉溶解"标签拖曳到两段视频素材的交界处

⊙**第5步** 按照上述方法,在所有视频素材的交界处添加转场效果,最终效果如图 5-23 所示。

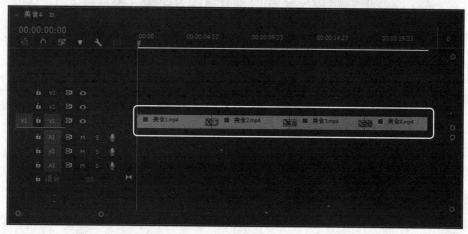

图 5-23 在所有视频素材的交界处添加转场效果

⊜**提示** 使用 Adobe Premiere 中的转场效果时,除了如本例所示选择"溶解"效果,还可以根据视频内容需要选择其他的转场效果。软件自带的转场效果有限,创作者可以选择在网络上下载转场插件,进行视频转场效果的制作。

5.1.4 ▶ 添加音频素材

前文介绍了新建项目后导入视频素材、音频素材的方法,接下来介绍在视频剪辑的过程中添加音频素材的方法。添加音频素材的具体操作步骤如下。

⊙**第1步** 视频剪辑过程中,如果需要添加一段音频素材,可以在"素材箱"面板的空白处单击鼠标右键,选择弹出的快捷菜单中的"导入"选项,如图 5-24 所示。

⊙**第2步** 完成以上操作后弹出"导入"对话框,在目标文件夹中选择需要导入的音频素材,如

图 5-25 所示，完成选择后单击"打开"按钮。

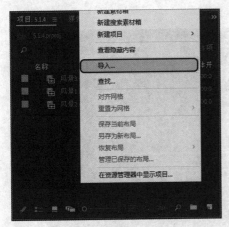

图 5-24　选择"导入"选项

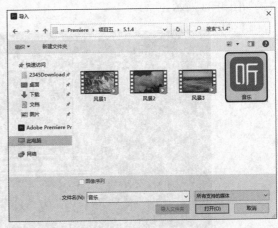

图 5-25　选择需要导入的音频素材

⊙**第3步** 将音频素材拖曳到时间轴中，如图 5-26 所示，即可为视频素材添加音频素材。

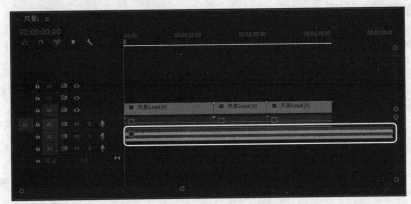

图 5-26　将音频素材拖曳到时间轴中

⊙**第4步** 添加音频素材后，可以看到音频素材的时长比视频素材的时长长，需要对多余的音频素材进行剪切和删除。单击"剃刀"工具，剪切音频素材，如图 5-27 所示。

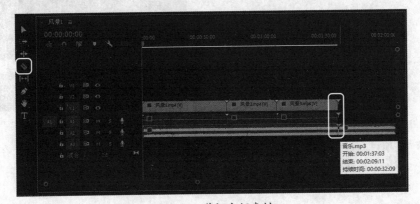

图 5-27　剪切音频素材

第5步 单击"选择"工具，选择多余的音频素材后，按下键盘上的"Delete"键即可完成删除，效果如图 5-28 所示。

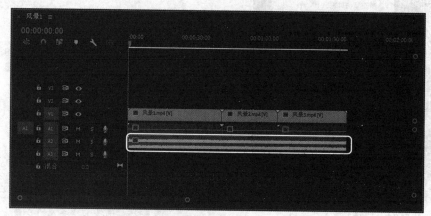

图 5-28　删除多余音频素材后的效果

5.1.5　创建并设置字幕

Premiere 经常用于制作电影、电视剧等影视作品中的专业字幕，短视频同样可以使用 Premiere 制作字幕。相对于手机视频编辑软件来说，使用 Premiere 制作字幕比较复杂，因为 Premiere 自带的字幕模板比较基础，设计感较差。短视频创作者可以使用 Premiere 自行设计和调整字幕样式。使用 Premiere 创建并设置字幕的具体操作步骤如下。

第1步 打开 Premiere pro 2022，新建项目并导入视频素材后，在菜单栏中单击"文件"菜单，随后依次单击"新建"→"旧版标题"命令，如图 5-29 所示。

第2步 在"新建字幕"对话框中完成各种设置后单击"确定"按钮，如图 5-30 所示。

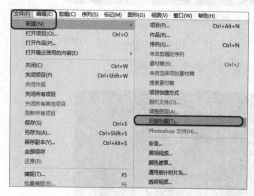

图 5-29　单击"旧版标题"命令

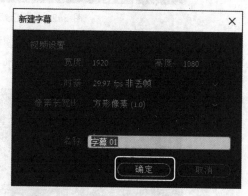

图 5-30　完成设置并单击"确定"按钮

第3步 在项目面板中单击"文字"工具，在画面中的合适位置单击鼠标左键，在文字框中输入所需要的文字（如"草莓贩卖机"），即可完成字幕创建，如图 5-31 所示。

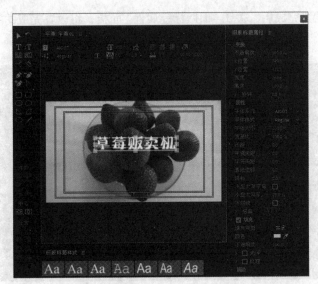

图 5-31　在文字框中输入所需要的文字

⊙**第4步** 创建字幕后，在右侧的"旧版标题属性"面板中对文字颜色、字体系列、字体大小、阴影等项目进行设置。例如，选择字幕"草莓贩卖机"，在"属性"一栏中，将"字体系列"设置为"汉仪海韵体简"，将"字体大小"设置为"138.0"；勾选"阴影"复选框，在"阴影"一栏中，将"颜色"设置为"绿色（＃00FF30）"、"不透明度"设置为"60%"、"角度"设置为"-160.0°"、"距离"设置为"10.0"、"大小"设置为"11.0"、"扩展"设置为"76.0"，如图 5-32 所示。

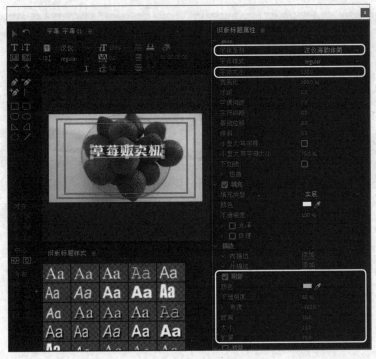

图 5-32　调整字幕样式

◎**第5步** 字幕设置完成后，关闭"旧版标题属性"面板，将设置完成的字幕拖曳到时间轴中，如图 5-33 所示。

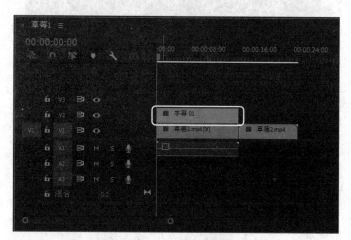

图 5-33　将设置完成的字幕拖曳到时间轴中

5.1.6 使用"超级键"抠图，更换视频元素

Premiere 有强大的抠图功能，使用 Premiere 的抠图功能，可以轻松更换视频元素，让视频作品更加吸引人。在短视频中，利用绿屏进行抠图，可以将拍摄对象放置在任何理想的环境中。使用 Premiere 的抠图功能更换视频元素的前后效果对比如图 5-34 所示。

图 5-34　更换视频元素前后效果对比

使用 Premiere 的"超级键"进行抠图，具体操作步骤如下。

◎**第1步** 打开 Premiere Pro 2022，新建项目，导入需要抠图的绿屏图片素材及视频素材。

◎**第2步** 新建项目序列。将绿屏图片素材拖曳到项目面板右下角的"新建项"按钮上，新建项目序列，如图 5-35 所示。

图 5-35　新建项目序列

▷**第3步** 在项目面板中单击"效果"选项卡，在搜索框中输入"超级键"并完成搜索，如图 5-36 所示。

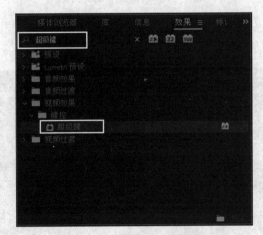

图 5-36　搜索"超级键"

▷**第4步** 将"键控"选项下的"超级键"拖曳到项目序列中，如图 5-37 所示。

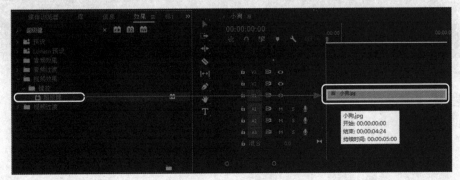

图 5-37　拖曳"超级键"

117

⊙**第5步** 页面自动切换显示"效果控件"选项卡内的内容，可以看到已经添加了超级键效果。单击"主要颜色"选项后面的吸管工具图标，如图5-38所示。

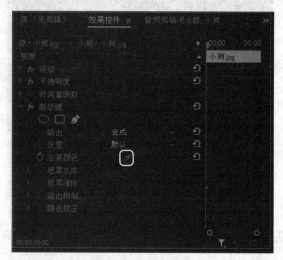

图5-38 单击吸管工具图标

⊙**第6步** 鼠标指针变为吸管工具样式后，将鼠标指针移动到"节目"面板中，吸取绿屏图片素材中的目标颜色。吸取后的效果如图5-39所示。

图5-39 吸取绿屏图片素材中的主要颜色后的效果

⊙**第7步** 将绿屏图片素材从轨道1拖曳到轨道2，拖曳后的效果如图5-40所示。

图 5-40　切换绿屏图片素材的轨道后的效果

⊙**第8步** 制作新的视频。将"海边"视频素材拖曳到轨道 1 中，如图 5-41 所示，并在时间轨道中将绿屏图片素材的时长调整至与视频素材的时长一致。

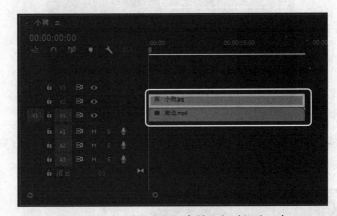

图 5-41　将"海边"视频素材拖曳到轨道 1 中

⊙**第9步** 视频元素更换完成，播放视频进行预览，效果如图 5-42 所示。

图 5-42　预览效果

119

5.1.7 制作变速视频

在影视作品中，经常看到视频片段的快播或慢播效果，使用Premiere，可以轻松制作视频变速特效。制作变速视频的具体操作步骤如下。

⊙**第1步** 打开Premiere Pro 2022，新建项目并导入视频素材后，将视频素材拖曳到项目面板右下角的"新建项"按钮上，新建项目序列，如图5-43所示。

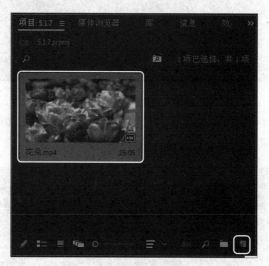

图 5-43 新建项目序列

⊙**第2步** 在新建的项目序列中，选择时间轨道中的视频素材，单击鼠标右键，在弹出的快捷菜单中选择"速度/持续时间"选项，如图5-44所示。

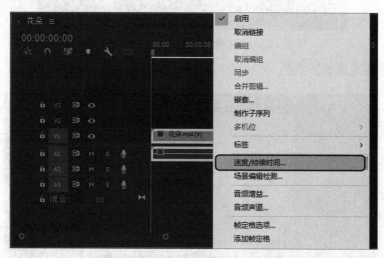

图 5-44 选择"速度/持续时间"选项

⊙**第3步** 在弹出的"剪辑速度/持续时间"对话框中，设置"速度"项的百分比数值，如图5-45所示。调整完毕，即可播放视频进行预览。

图 5-45 设置"速度"项

提示 如果将"速度"项的百分比数值设为"200%"，相当于将视频速度加快至原来的 2 倍；如果将"速度"项的百分比数值设为"50%"，相当于将视频速度放慢为原来的一半，创作者可以根据实际情况进行设置。

5.1.8 为音频降噪，以提高音质

在进行视频剪辑和处理的过程中，难免遇到一些噪声比较多的视频，这时候可以使用Premiere对视频中的声音进行降噪处理。在降噪的同时保留比较清晰的人声，才能够得到较好的视频音效。音频降噪处理的具体操作步骤如下。

第1步 打开 Premiere Pro 2022，新建项目并导入一段需要进行降噪处理的视频素材后，在"效果"面板中依次单击"音频效果"→"降杂/恢复"选项，选择"降噪"效果，拖曳添加，如图 5-46所示。

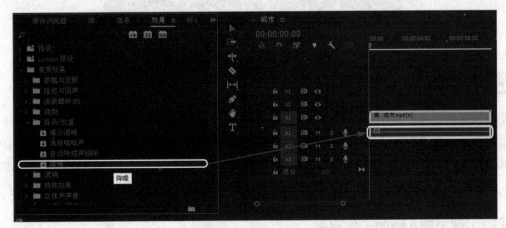

图 5-46 添加"降噪"效果

第2步 在"效果控件"面板的"降噪"选项中，单击"自定义设置"对应的"编辑"按钮，如图 5-47 所示。

⊙ **第3步** 进入"剪辑效果编辑器"面板，将"预设"选项修改为"强降噪"，在"处理焦点"选项中单击"▇▇"图标，将"数量"数值调整至"51%"，如图5-48所示。完成调整后关闭该面板。

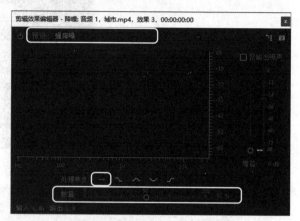

图 5-47　单击"编辑"按钮　　　　　　　　图 5-48　"剪辑效果编辑器"面板

⊙ **第4步** 关闭"剪辑效果编辑器"面板后，即可看到降噪效果，如图5-49所示。

图 5-49　降噪效果

5.2　用剪映App剪辑短视频

剪映App是由抖音官方推出的一款手机视频编辑软件，主要用于手机短视频的剪辑、制作和发布，软件自带剪辑及添加特效、音频、字幕等多种视频后期制作功能，视频制作完成后可以直接分享到短视频平台上。此外，剪映App中还有多种滤镜和美颜效果，以及丰富的曲库资源，短视频创作者只要熟练掌握剪映App中各种功能的使用方法，便可方便、快捷地制作出具有大片感的短视频。

5.2.1　了解剪映App的工作页面

使用剪映App制作短视频之前，最重要的是了解剪映App的工作页面。剪映App的主工作页面包括开始创作、本地草稿、快捷工具栏等几大区域，如图5-50所示。

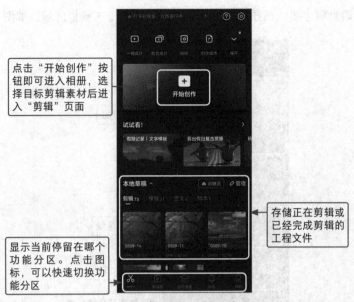

点击"开始创作"按钮即可进入相册，选择目标剪辑素材后进入"剪辑"页面

存储正在剪辑或已经完成剪辑的工程文件

显示当前停留在哪个功能分区。点击图标，可以快速切换功能分区

图 5-50　剪映 App 的主工作页面

剪映 App 中有 3 个主要的功能分区，分别是"剪辑"功能分区、"剪同款"功能分区和"创作课堂"功能分区。这里主要为大家介绍"剪辑"功能分区的工作页面，即剪映 App 的编辑页面。在剪映 App 中导入需要剪辑的素材，即可进入编辑页面，具体操作步骤如下。

◎**第1步**　打开剪映 App，点击主工作页面中的"开始创作"按钮，如图 5-51 所示。

◎**第2步**　在弹出的页面中勾选将要进行剪辑的素材（视频素材或图片素材），点击"添加"按钮，如图 5-52 所示。

◎**第3步**　导入素材后，自动进入剪映 App 的编辑页面，如图 5-53 所示。

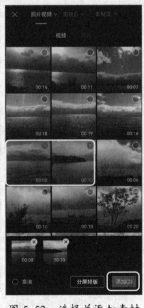

图 5-51　点击"开始创作"按钮　　图 5-52　选择并添加素材　　图 5-53　进入编辑页面

剪映App的编辑页面主要包括预览区域、编辑区域、快捷工具栏区域，如图5-54所示。

图 5-54　编辑页面

剪映App的快捷工具栏区域位于编辑页面的最下方，分为一级工具栏和二级工具栏。一级工具栏主要包括剪辑、音频、文字、贴纸、画中画、特效、素材包、滤镜、比例、背景、调节等常用功能，部分功能图标如图5-55所示。点击一级工具栏中的目标图标可进入二级工具栏，如点击"剪辑"图标即可进入"剪辑"功能的二级工具栏，"剪辑"功能的二级工具栏包括分割、变速、动画、抖音玩法、删除等具体功能，如图5-56所示。有些功能还下设三级工具栏，这里只为大家展示一级工具栏和二级工具栏。

图 5-55　一级工具栏

图 5-56　"剪辑"功能的二级工具栏

5.2.2 视频的基本剪辑

前文为大家介绍了剪映App的编辑页面，并讲解了如何在剪映App中导入素材，接下来，我们通过具体案例，讲解如何使用剪映App对视频进行基本剪辑。

1. 分割素材

分割素材，指使用软件中的分割工具将一段完整的视频素材分割开。分割素材的具体操作步骤如下。

▶**第1步** 打开剪映App，点击"开始创作"按钮，添加视频素材。完成素材添加后，将剪辑轨道上的时间轴定位在需要分割的位置，点击工具栏中的"剪辑"图标进入二级工具栏，如图 5-57 所示。

▶**第2步** 在二级工具栏中点击"分割"图标，即可将目标视频素材分割成两段视频素材，如图 5-58 所示。

▶**第3步** 选择多余的视频素材，点击"删除"图标，即可删除多余的视频素材，完成素材的分割及处理，如图 5-59 所示。

图 5-57　点击"剪辑"图标

图 5-58　点击"分割"图标

图 5-59　点击"删除"图标

2. 调节视频音量

调节视频音量，指使用软件中的音量工具将一段有音频的视频素材的音量调节至合适的状态。调节视频音量的具体操作步骤如下。

▶**第1步** 打开剪映App，点击"开始创作"按钮，添加视频素材。完成素材添加后，点击"剪辑"图标，如图 5-60 所示，进入剪辑二级工具栏。

▶**第2步** 在剪辑二级工具栏中点击"音量"图标，如图 5-61 所示，进入音量调节页面。

▶**第3步** 根据需求拖曳更改声音数值后，点击"■"按钮，如图 5-62 所示，即可完成调节视频音量的操作。

图 5-60　点击"剪辑"图标

图 5-61　点击"音量"图标

图 5-62　更改声音数值

3. 调整画面比例

短视频作品常用9∶16竖屏画幅或16∶9宽屏画幅。拍摄短视频时，创作者可以选用任意画面比例，后期调整成所需要的画面比例即可，但不能和实际需求相差太多，需要考虑画面的主体构图。下面为大家讲解如何使用剪映App的比例功能调整视频画面比例，具体操作步骤如下。

▷**第1步**　打开剪映App，点击"开始创作"按钮，添加视频素材。完成素材添加后，向右滑动一级工具栏，点击"比例"图标，如图 5-63 所示。

▷**第2步**　在二级工具栏中点击"9∶16"图标，如图 5-64 所示，随后，用双指缩放视频画面，调整画面大小至合适的状态。

▷**第3步**　完成调整后点击"□"按钮，效果如图 5-65 所示。

图 5-63　点击"比例"图标

图 5-64　点击"9∶16"图标

图 5-65　完成调整

4. 实现视频变速

　　制作短视频时，创作者可以通过设置视频变速调整视频时长。视频变速分为加快视频播放速度和放慢视频播放速度，下面为大家讲解如何使用剪映App的"变速"功能为视频进行加速，具体操作步骤如下。

　　⊙**第1步**　打开剪映App，点击"开始创作"按钮，添加视频素材。完成素材添加后，点击"剪辑"图标，如图 5-66 所示，进入剪辑二级工具栏。

　　⊙**第2步**　在剪辑二级工具栏中点击"变速"图标，如图 5-67 所示。

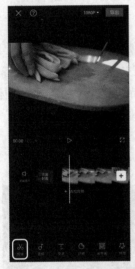

图 5-66　点击"剪辑"图标

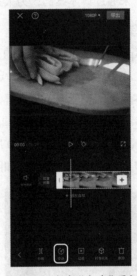

图 5-67　点击"变速"图标

　　⊙**第3步**　在三级工具栏中点击"常规变速"图标，如图 5-68 所示，进入常规变速设置页面。

　　⊙**第4步**　设置变速速度，如图 5-69 所示。设置完成后，点击"✓"按钮，即可实现视频变速。

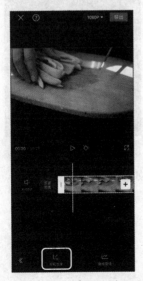

图 5-68　点击"常规变速"图标

图 5-69　设置变速速度

提示 剪映 App 中的变速功能分为常规变速与曲线变速，常规变速是对视频进行基础的加速或减速，曲线变速则是对视频进行播放速度的不规则改变。

5.2.3 音频处理

音频处理是视频制作中非常重要的一个环节。画面和声音是构成视频的两大元素，声音能在视频中起到渲染气氛、烘托氛围的重要作用。短视频的音频处理，应该主要关注音乐、音效、人声三大要点，接下来通过具体案例，为大家讲解如何在剪映App中处理短视频中的音频。

1. 添加音乐

在剪映App中为视频添加音乐的方式主要有4种，其一是使用剪映平台的自带音乐库，按照推荐进行添加，或者搜索添加；其二是导入抖音平台的音乐；其三是提取目标视频里的音乐进行添加；其四是导入本地音乐。下面主要讲解使用剪映平台的自带音乐库为视频添加音乐的具体操作步骤。

⊙**第1步** 打开剪映App，点击"开始创作"按钮，导入一段没有音乐的视频素材。完成素材导入后，点击"音频"图标，如图 5-70 所示，进入二级工具栏。

⊙**第2步** 点击"音乐"图标，如图 5-71 所示，进入剪映音乐库。

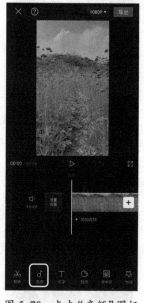

图 5-70　点击"音频"图标

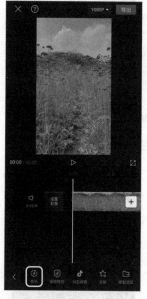

图 5-71　点击"音乐"图标

⊙**第3步** 选择目标音乐，直接点击音乐即可进行试听。如果对音乐满意，可以点击该音乐对应的"使用"按钮，如图 5-72 所示。

⊙**第4步** 按住所选音乐的音频，调整音频位置，并拖曳音频两端修改起始时间，调整完成后的效果如图 5-73 所示。

图 5-72 点击"使用"按钮

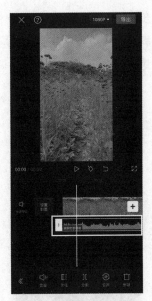

图 5-73 调整完成后的效果

2. 添加音效

音效最大的作用是辅助增强观众的体验感，好的音效可以带着观众融入作品，让观众的情绪与作品创作者的情绪产生共鸣。使用剪映 App，可以联网下载当下最火爆的视频音效。添加音效的具体操作步骤如下。

⊙**第1步** 打开剪映 App，点击"开始创作"按钮，导入一段视频素材。完成素材导入后，点击"音频"图标，如图 5-74 所示。

⊙**第2步** 进入音频二级工具栏后，将时间轴定位在需要添加音效的位置，点击"音效"图标，如图 5-75 所示。

图 5-74 点击"音频"图标

图 5-75 点击"音效"图标

⊙**第3步** 进入音效库后，选择目标音效，这里以选择"打字声"音效为例，点击音效进行试听。如果对音效满意，可以点击该音效对应的"使用"按钮，如图 5-76 所示。

⊙**第4步** 按住所选音效的音频，调整至合适的位置，即可完成添加音效的操作，如图 5-77 所示。

图 5-76　点击"使用"按钮

图 5-77　成功为视频添加音效

3. 录制声音

录制声音是为视频添加人声配音的功能。通过添加人声配音，可以完成对视频内容的补充。录制声音的具体操作步骤如下。

⊙**第1步** 打开剪映 App，点击"开始创作"按钮，导入一段视频素材。完成素材导入后，点击"音频"图标，如图 5-78 所示。

⊙**第2步** 进入音频二级工具栏后，点击"录音"图标，如图 5-79 所示。

图 5-78　点击"音频"图标

图 5-79　点击"录音"图标

○**第3步** 点击或长按页面中的 "　" 按钮，即可进行声音录制，录制结束后点击 "　" 按钮，如图 5-80 所示。

○**第4步** 按住已添加的录音音频，调整至合适的位置，如图 5-81 所示，即可完成录制声音并添加的操作。

图 5-80　进行声音录制

图 5-81　调整录音位置

4. 编辑音频

有时，我们导入视频素材和音频素材后会发现视频素材的时长和音频素材的时长不一致，或者某段音频素材与目标视频素材不适配。这时，我们可以编辑音频，将不需要的部分删除。编辑音频的具体操作步骤如下。

○**第1步** 打开剪映 App，点击 "开始创作" 按钮，导入一段视频素材后，添加一段音频素材。选择音频素材，点击 "剪辑" 图标进入二级工具栏，将时间轴定位在需要分割的位置后，点击 "分割" 图标，如图 5-82 所示，将音频素材分割成两段。

○**第2步** 分割音频素材后，选择不需要的音频素材，点击 "删除" 图标，如图 5-83 所示，将不需要的音频素材删除。

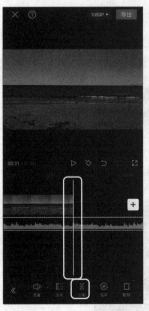

图 5-82　点击 "分割" 图标

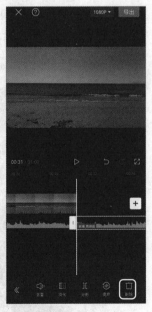

图 5-83　删除音频素材

5. 变声处理

短视频创作者为短视频作品添加人声配音后，如果发现自己的音色与视频画面不适配，或者不够专业，可以选择使用剪映App中的变声功能改变人声配音的音色，以得到满意的效果。变声处理的具体操作步骤如下。

⊙**第1步** 打开剪映App，点击"开始创作"按钮，导入一段视频素材并为其添加一段人声配音音频后，点击"音频"图标，如图5-84所示。

⊙**第2步** 进入音频二级工具栏后，选择目标音频，点击"变声"图标，如图5-85所示。

图5-84 点击"音频"图标

图5-85 点击"变声"图标

⊙**第3步** 点击目标声音对应的图标，这里点击"萝莉"图标，如图5-86所示，即可将视频素材中的人声配音变成萝莉的声音。完成变声操作后，点击"✓"按钮。

⊙**第4步** 变声操作完成后的效果如图5-87所示。

图5-86 点击"萝莉"图标

图5-87 变声后的效果

5.2.4 视频特效

视频特效指在前期素材拍摄完成并对素材进行拼接剪辑后,对视频画面进行的后期处理、包装。添加视频特效,可以让短视频作品的效果更加吸睛。视频特效主要包括视频画面的颜色特效、镜头之间的特殊转场、蒙版效果等。下面通过具体案例,讲解如何使用剪映App添加视频特效。

1. 添加滤镜

添加滤镜,其实是一种简单的为画面调色的方式。剪映App根据大众审美及流行趋势,在系统中预设了适用于不同情境的滤镜,短视频创作者根据自己的喜好和需要进行选择即可。以为美食类短视频作品添加滤镜为例,添加滤镜的具体操作步骤如下。

⊙**第1步** 打开剪映App,点击"开始创作"按钮,导入一段美食类视频素材。完成素材导入后,向左滑动一级工具栏,点击"滤镜"图标,如图5-88所示。

⊙**第2步** 进入滤镜二级工具栏,滑动工具栏,可以看到多种风格的滤镜标签。要给美食类视频素材添加滤镜,可以选择美食标签中的滤镜。例如,选择"暖食"滤镜,如图5-89所示。若滤镜效果太强或太弱,可以拖动小圆点调整滤镜强度,调整至满意程度后点击"☑"按钮。

⊙**第3步** 按住滤镜调节层,左右拖曳,调节滤镜应用视频范围,直至满意,如图5-90所示。

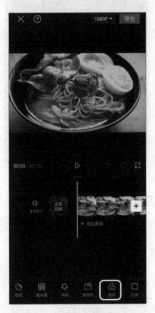

图 5-88　点击"滤镜"图标

图 5-89　选择"暖食"滤镜

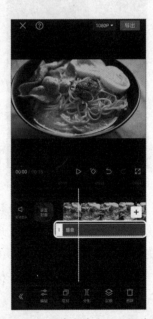

图 5-90　调节滤镜应用视频范围

> 📖**提示** 视频的滤镜是可以重复添加的,按照上述步骤重复操作即可,直至得到满意的效果。此外,添加滤镜不局限于类别,美食类视频可以使用任意标签中的滤镜效果。如果对已添加的滤镜效果不满意,点击"删除"图标删除即可。

2. 添加蒙版

蒙版是用于合成图像的重要工具，其作用是在不破坏原始图像的基础上实现特殊的图层叠加效果。使用剪映App可以创建不同形状的蒙版，下面以为一段视频素材更换天空背景为例，为大家讲解蒙版的应用方法。添加蒙版的具体操作步骤如下。

⊙**第1步** 打开剪映App，点击"开始创作"按钮，导入需要更换天空背景的视频素材。完成素材导入后，在一级工具栏中点击"画中画"图标，如图5-91所示。

⊙**第2步** 在弹出的二级工具栏中点击"新增画中画"图标，如图5-92所示。

⊙**第3步** 勾选需要添加的"天空"素材，点击"添加"按钮，如图5-93所示。

 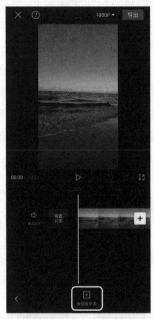 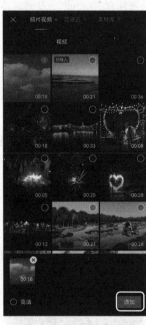

图5-91 点击"画中画"图标   图5-92 点击"新增画中画"图标   图5-93 添加素材

⊙**第4步** 双指缩放视频素材，调整画面大小、位置后，点击"蒙版"图标，如图5-94所示。

⊙**第5步** 在蒙版设置页面点击"线性"图标后，按住"⊙"图标向下拖动画面，直至遮盖住需要更换的天空背景，确认无误后点击"✓"按钮，如图5-95所示，即可添加蒙版。

⊙**第6步** 添加蒙版后的效果如图5-96所示。

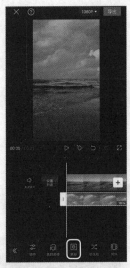

图 5-94　点击"蒙版"图标

图 5-95　添加蒙版

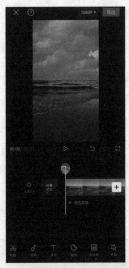

图 5-96　添加蒙版后的效果

3. 添加转场

转场是视频片段与视频片段之间的过渡效果，一般使用在合并视频片段的时候。为了避免视频片段之间的衔接过于生硬，创作者可以根据需要给视频添加转场效果。添加转场效果的具体操作步骤如下。

⊙第1步　打开剪映App，点击"开始创作"按钮，批量导入图片素材。完成素材导入后，点击"〡"按钮，如图 5-97 所示。

⊙第2步　为素材衔接处添加转场效果，这里以添加叠化转场效果为例。点击"热门"标签中的"叠化"选项，调整转场数值（在 0.1s ~ 5.0s 之间进行调整）后，点击"✓"按钮即可，如图 5-98 所示。

⊙第3步　重复以上操作，为所有素材衔接处添加合适的转场效果，如图 5-99 所示。

图 5-97　点击"〡"按钮

图 5-98　添加转场效果

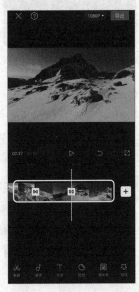

图 5-99　为所有素材衔接处
添加转场效果

提示 如果需要在所有素材衔接处添加同一种转场效果，添加第一个转场效果后点击图 5-98 中的"全局应用"按钮即可。

4. 动画贴纸

很多受欢迎的短视频作品中有可爱的动画贴纸，添加这种动画贴纸的操作很简单，使用剪映App 中自带的素材就可以快速丰富视频画面。添加动画贴纸的具体操作步骤如下。

⊙**第1步** 打开剪映App，点击"开始创作"按钮，导入一段视频素材。完成素材导入后，在一级工具栏中点击"贴纸"图标，如图 5-100 所示。

⊙**第2步** 进入素材库，选择适合的贴纸，调整位置和大小后点击"✓"按钮，如图 5-101 所示。

⊙**第3步** 添加贴纸后的效果如图 5-102 所示。

图 5-100　点击"贴纸"图标

图 5-101　添加合适的贴纸

图 5-102　添加贴纸后的效果

5. 画中画

画中画功能是剪映App 中的常用功能，用于在原本的视频画面中插入另一个视频画面，使其形成同步播放的效果，比如分屏效果。下面通过一个制作分屏视频的案例来讲解画中画功能的应用方法。

⊙**第1步** 打开剪映App，点击"开始创作"按钮，导入一段主体视频素材。完成素材导入后，在一级工具栏中点击"画中画"图标，如图 5-103 所示。

⊙**第2步** 在弹出的二级工具栏中点击"新增画中画"图标，如图 5-104 所示。

⊙**第3步** 勾选目标素材，点击"添加"按钮，如图 5-105 所示。

图 5-103　点击"画中画"图标　　图 5-104　点击"新增画中画"图标　　图 5-105　勾选目标素材后
点击"添加"按钮

⊙**第4步** 双指缩放视频调整画面大小、位置，并调整素材长度，此时，时间轴中两段素材并列存在，如图 5-106 所示。

⊙**第5步** 最终的画面分屏效果如图 5-107 所示。

图 5-106　时间轴中两段素材并列存在　　　　　图 5-107　画面分屏效果

6. 调色处理

剪映 App 的调色功能非常丰富，可以调节视频素材的亮度、对比度、饱和度、光感、锐化、HSL、曲线、高光、阴影、色温、色调、褪色、暗角、颗粒等。下面为一段视频素材调色，具体操作步骤如下。

⊙**第1步** 打开剪映 App，点击"开始创作"按钮，导入一段主体视频素材。完成素材导入后，向左滑动一级工具栏，点击"调节"图标，如图 5-108 所示。

⊙**第2步** 在二级工具栏中点击"亮度"图标，将亮度数值调节为"8"后，点击"✓"按钮，如图 5-109 所示。

⊙**第3步** 在二级工具栏中点击"对比度"图标，将对比度数值调节为"27"后，点击"✓"按钮，如图 5-110 所示。

图 5-108　点击"调节"图标

图 5-109　调节"亮度"

图 5-110　调节"对比度"

⊙**第4步** 在二级工具栏中点击"HSL"图标，将"色相"调节为"34"，将"饱和度"调节为"27"，将"亮度"调节为"27"，调节完成后点击"◎"图标，如图 5-111 所示。

⊙**第5步** 在二级工具栏中点击"曲线"图标，按住曲线上的调节点进行调节，调节至理想状态后点击"◎"图标，如图 5-112 所示。

⊙**第6步** 返回二级工具栏，点击"✓"按钮返回主页面，即可查看调色效果，如图 5-113 所示。

图 5-111　调节"HSL"

图 5-112　调节"曲线"

图 5-113　调色效果

> 💡 **提示** 创作者还可以按照上述方法调节视频素材的色温、色调、暗角等参数。

5.2.5 字幕处理

字幕是以文字形式显示在影视作品中的对话等非影像内容，泛指影视作品后期加工时补充的文字。将短视频作品中的部分内容以字幕的形式呈现，可以对短视频画面和语音表达不清晰的内容进行补充，帮助观众理解短视频内容。接下来通过具体的案例，讲解如何使用剪映 App 对短视频进行字幕处理。

1. 新建字幕

使用剪映 App 为短视频添加字幕非常简单，只需要几个操作就可以完成新建字幕的工作。新建字幕的具体操作步骤如下。

⊙**第1步** 打开剪映 App，点击"开始创作"按钮，导入一段视频素材。完成素材导入后，在一级工具栏中点击"文字"图标，如图 5-114 所示。

⊙**第2步** 在二级工具栏中点击"新建文本"图标，如图 5-115 所示。

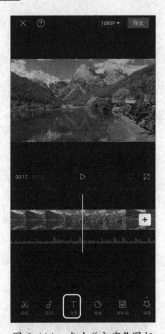
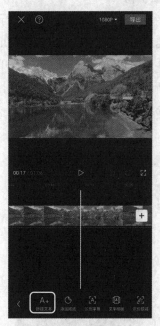

图 5-114　点击"文字"图标　　　　图 5-115　点击"新建文本"图标

⊙**第3步** 输入文字"雪山下的蓝宝石"后，按住画面中的"●"图标，调节字幕大小，调节至理想状态后点击"✓"按钮，如图 5-116 所示。

⊙**第4步** 按住字幕素材调整字幕的出现位置和时长，最终效果如图 5-117 所示。

图 5-116　输入文字并调节字幕大小

图 5-117　最终效果

2. 编辑字幕

新建字幕后，可以对字幕文字进行样式设计。短视频创作者可以直接套用剪映App自带的文字模板，快速编辑字幕，具体操作步骤如下。

⊙**第1步**　打开剪映App，点击"开始创作"按钮，导入一段视频素材。按照前文介绍的步骤为视频素材新建字幕之后，点击"编辑"图标，如图5-118所示。

⊙**第2步**　点击"文字模板"标签，选择一个合适的文字模板，如图5-119所示。

图 5-118　点击"编辑"图标

图 5-119　选择文字模板

⊙**第3步**　按住字幕，即可调整其在画面中的位置。如果需要修改字幕文字，点击文本模板即可，如图5-120所示，完成文字修改后，点击"▽"按钮。

◎**第4步** 完成编辑字幕操作，最终效果如图 5-121 所示。

图 5-120　修改文字

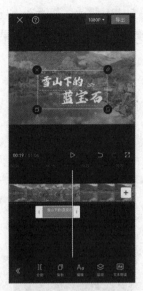

图 5-121　最终效果

3. 设置字幕样式

进行字幕处理时，可以对字幕文字的字体、样式等进行设置，并为字幕添加动画。设置字幕样式的具体操作步骤如下。

◎**第1步** 打开剪映App，点击"开始创作"按钮，导入一段视频素材。按照前文介绍的步骤为视频素材新建字幕之后，点击"编辑"图标，如图 5-122 所示。

◎**第2步** 点击"字体"标签，选择合适的字体样式，这里选择"经典雅黑"，如图 5-123 所示。

◎**第3步** 点击"花字"标签，选择合适的花字样式，如图 5-124 所示。

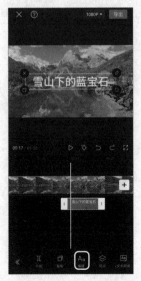

图 5-122　点击"编辑"图标

图 5-123　选择字体样式

图 5-124　选择花字样式

⊙**第4步** 点击"动画"标签，在"人场"选项区中选择合适的入场动画效果，这里选择"逐字显影"，如图 5-125 所示。若所选入场动画效果符合预期，点击"✓"按钮。

⊙**第5步** 设置完成后，最终效果如图 5-126 所示。

图 5-125　选择动画效果

图 5-126　最终效果

4. 语音转字幕

语音转字幕功能是剪映App中非常方便、快捷的用于添加字幕的功能，创作者不需要为打字花费大量的时间，直接朗读文案，就可以将声音转为文字。语音转字幕的具体操作步骤如下。

⊙**第1步** 打开剪映App，点击"开始创作"按钮，导入一段视频素材。完成素材导入后，在一级工具栏中点击"音频"图标，如图 5-127 所示。

⊙**第2步** 在二级工具栏中点击"录音"图标，如图 5-128 所示。

⊙**第3步** 长按页面中的"🎤"按钮，即可录制文案，录制完成后，点击"✓"按钮，如图 5-129 所示。

图 5-127　点击"音频"图标

图 5-128　点击"录音"图标

图 5-129　录制文案

> **提示** 录制文案时，可以一句一句分开录制，也可以一次性录制一段话。

⊙**第4步** 返回一级工具栏，点击"文字"图标，如图 5-130 所示。

⊙**第5步** 在二级工具栏中点击"识别字幕"图标，如图 5-131 所示。

⊙**第6步** 选择"仅录音"选项后，点击"开始匹配"按钮，如图 5-132 所示。

图 5-130　点击"文字"图标

图 5-131　点击"识别字幕"图标

图 5-132　选择"仅录音"选项并点击"开始匹配"按钮

⊙**第7步** 点击字幕，调整字幕文字的字体、样式，以及字幕在画面中的大小和位置，调整至理想状态后，勾选"应用到所有字幕"单选按钮，点击"☑"按钮，如图 5-133 所示。

⊙**第8步** 完成语音转字幕操作，最终效果如图 5-134 所示。

图 5-133　调整字幕

图 5-134　最终效果

5. 识别字幕

剪映 App 中的识别字幕功能是提取视频中的音频对应的文字，自动生成字幕并应用于视频的功能。识别字幕的具体操作步骤如下。

⊙**第1步** 打开剪映App，点击"开始创作"按钮，导入一段有配音的视频素材。完成素材导入后，在一级工具栏中点击"文字"图标，如图5-135所示。

⊙**第2步** 在二级工具栏中点击"识别字幕"图标，如图5-136所示。

图5-135　点击"文字"图标　　　　　图5-136　点击"识别字幕"图标

⊙**第3步** 选择"全部"选项后，点击"开始匹配"按钮，如图5-137所示。

⊙**第4步** 完成识别字幕操作，最终效果如图5-138所示。

图5-137　选择"全部"选项并点击"开始匹配"按钮　　　图5-138　最终效果

6. 识别歌词

剪映App中的识别歌词功能是提取视频中的音乐对应的歌词文字，自动生成字幕并应用于视频的功能。识别歌词的具体操作步骤如下。

⊙**第1步** 打开剪映App，点击"开始创作"按钮，导入一段有音乐的视频素材。完成素材导入后，在一级工具栏中点击"文字"图标，如图 5-139 所示。

⊙**第2步** 在二级工具栏中点击"识别歌词"图标，如图 5-140 所示。

⊙**第3步** 在弹出的"识别歌词"页面中点击"开始匹配"按钮，如图 5-141 所示。

图 5-139　点击"文字"图标　　　图 5-140　点击"识别歌词"图标　　图 5-141　点击"开始匹配"按钮

⊙**第4步** 选择一段识别出的歌词，点击"编辑"图标，如图 5-142 所示，即可进入编辑页面。

⊙**第5步** 使用前文介绍的设置字幕样式的方法，调整字幕样式及字幕在画面中的位置，系统会自动批量调整所有字幕，如图 5-143 所示。

⊙**第6步** 完成识别歌词操作，最终效果如图 5-144 所示。

图 5-142　选择歌词并点击"编辑"图标　　图 5-143　调整字幕　　　图 5-144　最终效果

7. 文本朗读

文本朗读功能是使用软件自带的朗读人声对输入的字幕进行朗读的功能。如果我们制作视频的时候不想使用自己的声音，可以使用文本朗读功能。使用文本朗读功能的具体操作步骤如下。

⊙**第1步** 打开剪映App，点击"开始创作"按钮，导入一段视频素材。完成素材导入后，在一级工具栏中点击"文字"图标，如图5-145所示。

⊙**第2步** 在二级工具栏中点击"新建文本"图标，如图5-146所示。

⊙**第3步** 输入文字后，设置文字样式，如图5-147所示。调整至理想状态后，点击"✓"按钮。

图5-145　点击"文字"图标　　图5-146　点击"新建文本"图标　　图5-147　输入文字并设置文字样式

⊙**第4步** 选择字幕素材，点击"文本朗读"图标，如图5-148所示。

⊙**第5步** 选择目标音色后，点击"✓"按钮，如图5-149所示。

⊙**第6步** 调整字幕素材的时长，完成文本朗读操作，最终效果如图5-150所示。

图5-148　选择字幕素材并点击　　图5-149　选择目标音色　　图5-150　最终效果
　　　　　"文本朗读"图标

课堂实训

任务一　使用剪映App中的"剪同款"功能制作音乐卡点视频

剪映App中有非常多的爆款视频模板，这些视频模板都是根据最新的热点音乐、热点话题创建和更新的，短视频创作者可以一键套用这些视频模板。使用"剪同款"功能的操作十分简单，创作者选定模板后，点击"剪同款"按钮，上传对应数量的照片/视频素材后即可一键生成爆款视频。下面以制作音乐卡点视频为例，为大家介绍使用视频模板制作爆款视频的具体操作步骤。

◎第1步 打开剪映App，依次点击"[□]"图标→"卡点"标签，选择目标卡点视频模板，如图 5-151 所示。

◎第2步 点击视频模板，进入目标视频模板的预览页面，即可查看目标视频模板的效果。若符合预期，点击"剪同款"按钮，如图 5-152 所示。

图 5-151　选择卡点视频模板

图 5-152　点击"剪同款"按钮

◎第3步 根据要求准备充足的素材，如使用本例中的目标模板需要 2 ～ 4 段素材。勾选需要导入的素材后点击"下一步"按钮，如图 5-153 所示。

◎第4步 素材自动导入后，即可预览制作好的视频。如果有不满意的视频片段，可以点击素材进行修改，满意后点击"导出"按钮导出视频，如图 5-154 所示。

图 5-153　勾选素材

图 5-154　预览视频效果并导出视频

任务二　使用剪映App制作卡拉OK文字效果

很多视频的字幕有卡拉OK文字效果，即演唱到对应文字时，文字改变颜色。使用剪映App，可以轻松制作卡拉OK文字效果，具体操作步骤如下。

⊙**第1步** 打开剪映App，点击"开始创作"按钮，导入一段视频素材。完成素材导入后，在一级工具栏中点击"文字"图标，如图 5-155 所示。

⊙**第2步** 在二级工具栏中点击"识别歌词"图标，如图 5-156 所示。

⊙**第3步** 点击"开始匹配"按钮，如图 5-157 所示，即可开始识别歌词。

图 5-155　点击"文字"图标

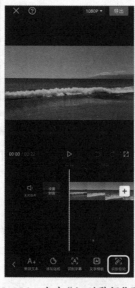

图 5-156　点击"识别歌词"图标

图 5-157　点击"开始匹配"图标

⊙**第4步** 选择识别出的歌词，点击"动画"图标，如图 5-158 所示。

⊙**第5步** 选择"入场"选项区中的"卡拉 OK"效果后点击"☑"按钮，如图 5-159 所示。

⊙**第6步** 调整画面中字幕素材的大小后，系统会自动将"卡拉 OK"效果应用于所有字幕，完成卡拉 OK 效果制作，最终效果如图 5-160 所示。

图 5-158　选择歌词并
点击"动画"图标

图 5-159　选择"卡拉 OK"效果

图 5-160　最终效果

 # 项目评价

学生自评表

表 5-1　技能自评

序号	技能点	达标要求	学生自评	
			达标	未达标
1	使用 Premiere 剪辑短视频	1. 能够使用 Premiere 新建项目并导入素材 2. 能够使用 Premiere 剪切与拼接素材 3. 能够使用 Premiere 为视频片段添加转场效果 4. 能够使用 Premiere 添加音频素材 5. 能够使用 Premiere 创建并设置字幕 6. 能够在 Premiere 中使用"超级键"抠图、更换视频背景 7. 能够使用 Premiere 制作视频变速特效 8. 能够使用 Premiere 为音频降噪		

续表

序号	技能点	达标要求	学生自评	
			达标	未达标
2	使用剪映App剪辑短视频	1.能够对剪映App工作页面的构成做到心中有数 2.能够使用剪映App分割素材、调节视频音量、调整画面比例、实现视频变速 3.能够使用剪映App对短视频进行音频处理 4.能够使用剪映App对短视频进行视频特效处理 5.能够使用剪映App对短视频进行字幕处理		

表 5-2　素质自评

序号	素质点	达标要求	学生自评	
			达标	未达标
1	洞察能力	1.具备敏锐的观察力 2.善于搜集有用的资讯		
2	总结归纳能力	1.具备较强的分析能力 2.逻辑思维能力强，善于整理相关资料并加以总结归纳		
3	独立思考能力和创新能力	1.遇到问题善于思考 2.具有解决问题和创新发展的意识 3.善于提出新观点、新方法		
4	实践能力	1.具备社会实践能力 2.具备较强的理解能力，能够掌握相关知识点并完成项目任务		

教师评价表

表 5-3　技能评价

序号	技能点	达标要求	技能评价	
			达标	未达标
1	使用Premiere剪辑短视频	1.能够使用Premiere新建项目并导入素材 2.能够使用Premiere剪切与拼接素材 3.能够使用Premiere为视频片段添加转场效果 4.能够使用Premiere添加音频素材 5.能够使用Premiere创建并设置字幕		

续表

序号	技能点	达标要求	技能评价	
			达标	未达标
1	使用 Premiere 剪辑短视频	6.能够在 Premiere 中使用"超级键"抠图、更换视频背景 7.能够使用 Premiere 制作视频变速特效 8.能够使用 Premiere 为音频降噪		
2	使用剪映 App 剪辑短视频	1.能够对剪映 App 工作页面的构成做到心中有数 2.能够使用剪映 App 分割素材、调节视频音量、调整画面比例、实现视频变速 3.能够使用剪映 App 对短视频进行音频处理 4.能够使用剪映 App 对短视频进行视频特效处理 5.能够使用剪映 App 对短视频进行字幕处理		

表 5-4　素质评价

序号	素质点	达标要求	教师评价	
			达标	未达标
1	洞察能力	1.具备敏锐的观察力 2.善于搜集有用的资讯		
2	总结归纳能力	1.具备较强的分析能力 2.逻辑思维能力强，善于整理相关资料并加以总结归纳		
3	独立思考能力和创新能力	1.遇到问题善于思考 2.具有解决问题和创新发展的意识 3.善于提出新观点、新方法		
4	实践能力	1.具备社会实践能力 2.具备较强的理解能力，能够掌握相关知识点并完成项目任务		

思政园地

短视频不能"短"文化，15 秒如何变"戏精"？

　　仅用了 4 天时间，抖音和 7 个国内知名博物馆联手推出的文物创意视频"第一届文物戏精大会"累计播放量突破 1.18 亿、点赞量达到 650 万、分享数超过 17 万，这一播放量超过大英博物馆 2016

年全年参观总人次 642 万的 18 倍。过亿的播放量背后，不仅是短视频这种新崛起的网络传播方式在吸睛，更是极具底蕴的传统文化在"戏精"式展示自己的魅力。

在抖音开启博物馆合作之旅前，微博启动过"加强传统文化和新时代美好生活优质内容的扶持计划"，初期预计投入价值 5 亿元的资源和现金，推动人文、历史、读书、收藏等传统文化领域的优质短视频内容的生产和传播。

短视频平台之所以加大文化传播力度，是基于现实考虑，即通过依托深层次的、难以模仿的文化内涵，积极和博物馆、非遗传承人等主体进行独家合作，在整体风格短、平、快的短视频市场上打造一个内容门槛，让自己在如火如荼的短视频平台淘汰赛中具有真正的差异性优势。

基于相似的考量，短视频内容创作者们也在加速为自己的内容增添文化底蕴。许多网络主播开始拍摄农村题材的短视频，借此获得大量点击和评论。这些短视频有的展现乡村的秀美风景，有的展现在深山老林里摘杨梅、挖野菜的过程，有的展现在山泉溪流旁捕鱼捞虾的乐趣。《半月谈》杂志在一则报道中对此类短视频进行了盛赞，评论表示，美丽山村、乡土情结，不仅通过农民"网红"的短视频成为城乡文化沟通的新风尚，还成功为农产品"带货"、帮助农产品走出大山。

做别处没有的短视频，做看过后还有记忆的短视频，做能让用户有更多获得感和满足感的短视频……文化的魅力和底蕴，对于短视频平台、内容创作者，以及文化机构来说，越来越深邃且潜力无穷。如何在 15 秒内展示文化底蕴？这是迎接短视频新风口的时代问题，不妨百花齐放、百家争鸣。

请针对素材内容，思考以下问题。

①如何理解"短视频不能'短'文化"这一说法？

②短视频平台加大对文化的重视，会对社会发展起到哪些推动作用？

_____

_____

_____

 课后习题

①使用 Premiere Pro 2022 剪辑一段旅行 Vlog。完成剪辑与制作后，写下剪辑与制作过程中的得与失。

_____

_____

_____

②使用剪映App中的"剪同款"功能制作一条短视频。完成剪辑与制作后，写下剪辑与制作过程中的得与失。

用抖音 App 拍摄、编辑与发布短视频

项目导入

目前的主流短视频App功能十分强大，短视频创作者使用短视频App可以快速完成短视频的拍摄、编辑、发布等操作，短视频作品发布后，短视频创作者还可以实时监控作品的播放、点赞等数据。

本项目以抖音App为例，为大家讲解短视频App的基本用法，帮助短视频创作者使用短视频App快速创作和分享自己的短视频内容，吸引粉丝关注账号。

学习目标

♡ 知识目标

①学生能够合理使用抖音App"首页推荐"页面中的各功能按钮。
②学生能够合理使用抖音App"短视频拍摄"页面中的各功能按钮。
③学生能够合理使用抖音App"短视频制作"页面中的各功能按钮。

♡ 能力目标

①学生能够掌握使用抖音App进行拍摄的常用技巧。
②学生能够掌握使用抖音App进行视频编辑的常用技巧。

♡ 素质目标

①学生具备敏锐的洞察能力。
②学生具备总结归纳能力。
③学生具备独立思考能力。
④学生具备较强的实践能力。

项目实施

6.1 了解抖音App的工作页面

抖音 App 的工作页面十分简洁，但各部分功能十分完善。创作者进行短视频创作前，需要了解抖音 App 的工作页面。以抖音 App 25.4.0 版本为例，打开抖音 App，即可直接进入抖音 App 的"首页"页面，如图 6-1 所示。

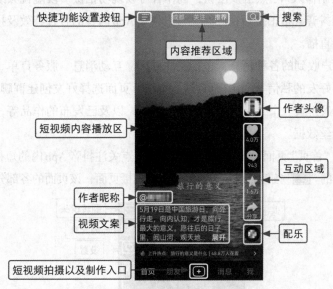

图 6-1　抖音 App 的"首页"页面

对抖音 App "首页"页面中的各功能按钮介绍如下。

快捷功能设置按钮：点击该按钮，快速打开抖音 App 的设置页面，页面中有常用小程序、常用功能、生活动态等快捷功能选择区。

内容推荐区域：包括首页推荐内容、关注推荐内容、同城（地区）推广内容、直播推荐内容、热点推荐内容和学习推荐内容。此区域默认展示 3 个推荐内容。

搜索：通过输入关键词查找相关内容、查看抖音平台的各项榜单。点击进入后，页面中有搜索框、历史搜索记录、猜你想搜、抖音榜单等内容。

短视频内容播放区：该区域为展示短视频内容的区域。用户可以通过点击该区域暂停或播放短视频。双击该区域，可以为所播放的作品点赞。长按该区域，页面中会弹出对话框，用户可以对短视频进行分享、设置播放方式（如设置播放速度等），以及帮助作品上热门等。

作者昵称：显示作者昵称。点击作者昵称，可进入该作者的个人主页。

视频文案：显示该视频的文案。文案中可能有作者插入的话题，话题以"#"为标志。同时，文案中还会显示作者@的好友，即抖音平台上的其他用户。如果点击话题，会进入对应话题的专属页面，该页面展示所有带有该话题的短视频作品；如果点击其他用户的昵称，则会进入对应用户的个人主页。

作者头像：显示作者头像。点击作者头像，可以进入该作者的个人主页。如果用户未关注该账号，可以在作者的个人主页中点击红色的"+关注"按钮，关注该账号。

互动区域：包括点赞、评论、收藏、分享等互动功能。其中，点赞、评论、收藏3个按钮下会展示该作品所获得的对应互动数据。

配乐：显示配乐的封面图。点击配乐按钮，进入对应配乐的专属页面。

"朋友"：显示用户的好友近期拍摄并发布的短视频作品，该页面的功能排版与"首页"页面大致相同。

短视频拍摄以及制作入口：点击该按钮，创作者可以现场拍摄一段短视频或直接导入手机中存储的本地素材。使用抖音App拍摄短视频时，可以使用App内置的各种特效及拍摄工具。另外，通过该入口，可以进行直播。

"消息"：展示用户收到的各种消息，包括关注提醒、互动消息、服务订单、系统通知、抖音小助手的消息、用户与好友的私信等。用户可以在"消息"页面选择好友创建群聊。

"我"：用户的个人主页。个人主页展示用户的资料，以及已发布的作品等，同时展示账号的点赞、朋友、关注和粉丝数据。

除了抖音App的"首页"页面，短视频创作者需要重点关注抖音App内的短视频拍摄页面。点击"首页"页面底部中间的"⊞"按钮，既可以进入短视频拍摄页面，该页面的各部分功能如图6-2所示。

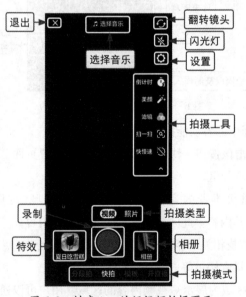

图 6-2　抖音 App 的短视频拍摄页面

对抖音App短视频拍摄页面中的各功能按钮介绍如下。

退出：点击该按钮，即可退出短视频拍摄页面。

选择音乐：点击该按钮，即可跳转至短视频配乐专属页面，用户可以在该页面搜索配乐，或者选择推荐配乐、过去收藏的配乐，以及曾经使用的配乐。

翻转镜头：点击该按钮，即可切换后置/前置镜头。

闪光灯：点击该按钮，即可开启或关闭闪光灯。

设置：点击该按钮，可以设置拍摄时长（15秒、60秒、180秒），以及是否使用音量键拍摄和是否启用网格。

拍摄工具：包括倒计时、美颜、滤镜、扫一扫、快慢速等拍摄工具。

拍摄类型：用于选择不同的拍摄类型，包括视频、照片、时刻、文字等拍摄类型。其中，选择"文字"拍摄类型并不需要进行拍摄，直接点击屏幕输入文字即可。

特效：为即将拍摄的短视频作品添加有趣的特效道具。

录制：点击该按钮或长按该按钮，开始录制视频；再次点击该按钮，暂停视频录制。在长按该按钮的情况下，松开按钮也可以暂停视频录制。

相册：点击该按钮，进入本地照片、视频素材页面，可以在该页面导入本地照片或视频。

拍摄模式：可以选择不同的拍摄模式，包括分段拍、快拍、模板、开直播等。

使用抖音 App 拍摄一段短视频，或导入手机中存储的本地素材后，会自动跳转到短视频编辑页面，如图 6-3 所示。创作者可以在该页面对视频进行编辑和后期制作，完成后点击"下一步"按钮，即可进入作品发布页面，如图 6-4 所示。添加作品描述、封面等信息后点击"发布"按钮，即可发布作品。

图 6-3　短视频编辑页面

图 6-4　作品发布页面

6.2　抖音App中常用的拍摄技巧

抖音 App 内置的拍摄功能十分丰富，使用手机拍摄短视频的创作者当然要物尽其用。下面为大家介绍抖音 App 中常用的拍摄功能与拍摄技巧。

6.2.1　设置滤镜进行拍摄

使用抖音 App 自带的短视频制作功能，可以自行设置滤镜，为短视频作品营造不同的风格。设置滤镜的具体操作步骤如下。

○**第1步** 打开抖音 App，点击 "■" 按钮，如图 6-5 所示，进入短视频拍摄页面。

○**第2步** 在短视频拍摄页面中选择 "视频" 拍摄模式，并点击页面右侧的 "滤镜" 图标，如图 6-6 所示。

○**第3步** 滤镜页面中有多款滤镜可以选择，这里选择 "油画" 滤镜，如图 6-7 所示。

图 6-5　点击 "■" 按钮　　图 6-6　选择 "视频" 拍摄　　图 6-7　选择滤镜
模式并点击 "滤镜" 图标

○**第4步** 点击空白处，退出滤镜页面，可以看到 "油画" 滤镜已经覆盖整个拍摄区域。长按 "●" 按钮，即可开始拍摄带有滤镜的短视频，如图 6-8 所示。

○**第5步** 拍摄完成后松开 "●" 按钮，点击 "✓" 按钮，如图 6-9 所示。

图 6-8　开始拍摄短视频　　　　　图 6-9　点击 "✓" 按钮

> 💡 提示 拍摄时已使用过滤镜效果的视频，拍摄完成后依然可以添加滤镜效果，不过，道具效果只能在视频拍摄前进行设置。

6.2.2 视频的分段拍摄与合成

在短视频拍摄过程中，一般情况下，所有视频素材都需要先进行单独拍摄，再使用视频编辑软件进行合成。使用抖音 App 的"分段"（拍摄）功能即可对不同的镜头进行分别拍摄，系统会自动将它们合成为一段视频，省去许多烦琐的程序。视频的分段拍摄与合成具体操作步骤如下。

⊙ **第1步** 打开抖音 App，点击 "⊞" 按钮，进入短视频拍摄页面，选择"分段"拍摄模式，如图 6-10 所示。

⊙ **第2步** 在分段拍摄页面中长按录制按钮，拍摄第一段视频素材。拍摄完成后松开录制按钮，即可看到第一段视频素材已经保存，如图 6-11 所示。

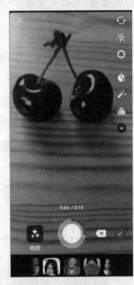

图 6-10　选择"分段"拍摄模式　　图 6-11　保存第一段视频

> 💡 提示 如果对视频素材的拍摄效果不满意，可以点击 "⊠" 按钮，删除视频素材，重新拍摄。

⊙ **第3步** 再次长按录制按钮，拍摄第二段视频素材，拍摄完成后松开录制按钮，如图 6-12 所示。

⊙ **第4步** 点击图 6-12 中的 "✓" 按钮，预览视频拍摄效果，如图 6-13 所示，可以看到两段视频素材已经自动合成为一段视频。如果需要继续拍摄后续视频，可以点击页面左上角的 "<" 按钮，回到短视频拍摄页面继续拍摄。

图 6-12　拍摄并保存第二段视频　　　　图 6-13　预览视频拍摄效果

提示 抖音 App 支持将上传的两段视频素材按照素材的上传顺序进行拼接，自动合成为一段视频。

6.2.3 拍摄变速视频

许多视频编辑软件有调整视频播放速度的功能，抖音则更进一步，支持创作者直接拍摄或快或慢的视频素材，帮创作者省去了使用软件进行视频编辑的工作。在抖音 App 中调整拍摄速度的具体操作步骤如下。

◎**第1步** 打开抖音 App，点击 "■" 按钮，进入短视频拍摄页面。选择"视频"拍摄模式后，点击页面右侧的"快慢速"图标，如图 6-14 所示。

◎**第2步** 弹出设置视频速度的选项，选择合适的速度拍摄短视频，这里选择"极慢"选项，如图 6-15 所示。

◎**第3步** 长按 "●" 按钮，开始拍摄变速视频，完成视频拍摄后，松开 "●" 按钮，"●" 按钮变为 "☑" 按钮，如图 6-16 所示。

图 6-14 选择"视频"拍摄模式并点击"快慢速"图标

图 6-15 设置拍摄视频的速度

图 6-16 视频拍摄完毕

6.2.4 制作合拍视频

与其他抖音用户进行合拍，是抖音平台推出的一个颇具特色的功能，它不仅可以让普通用户拍摄的内容与大 V 发布的内容同框，在音乐类短视频中更是妙用多多，可以拍摄出各种类型的合唱视频。在抖音 App 中与喜欢的短视频进行合拍，制作合拍视频的具体操作步骤如下。

◎**第1步** 打开抖音 App，找到自己喜欢的短视频作品，点击页面右侧的"分享"按钮，如图 6-17 所示。

◎**第2步** 在弹出的页面中点击"合拍"按钮，如图 6-18 所示。

◎**第3步** 页面自动跳转，进入合拍页面，如图 6-19 所示，页面左边为用户拍摄画面，页面右边为原短视频画面。长按""按钮，开始拍摄视频，页面右边的原短视频会随着拍摄进行播放。

图 6-17　点击"分享"按钮

图 6-18　点击"合拍"按钮

图 6-19　合拍页面

⊙**第4步** 完成视频拍摄后，松开""按钮，如图 6-20 所示。

⊙**第5步** 点击""按钮，进入视频预览页面，预览合拍视频的拍摄效果，如图 6-21 所示。

图 6-20　完成视频拍摄

图 6-21　预览合拍视频的拍摄效果

6.3 抖音App中常用的编辑技巧

短视频拍摄完成后，下一步是对短视频进行编辑，让其更具表现力。在抖音 App 中，完成短视频拍摄后，可以直接进行基本的视频编辑操作，不管是为短视频添加背景音乐，还是为短视频添加各种特效，都可以轻松实现。

6.3.1 为短视频添加背景音乐

为短视频添加背景音乐是短视频创作者必须掌握的技能。抖音App内置的短视频制作功能非常完善，为短视频添加背景音乐的具体操作步骤如下。

▷**第1步** 打开抖音App，拍摄或导入一段视频素材。进入短视频制作页面后，点击"选择音乐"按钮，如图6-22所示。

▷**第2步** 弹出配乐（背景音乐）选择页面，如图6-23所示，系统会根据短视频内容自动推荐合适的配乐，创作者也可以自己搜索合适的配乐。

▷**第3步** 选择配乐后，点击短视频内容播放区，返回视频预览页面，即可查看带有配乐的视频效果，如图6-24所示。

图6-22 点击"选择音乐"按钮　　图6-23 配乐选择页面　　图6-24 预览视频效果

提示 选择配乐时，若只勾选页面下方的"配乐"选项，取消勾选"视频原声"选项，发布的短视频就只有配乐，没有原声了。

6.3.2 为短视频添加贴纸

添加贴纸能够增加短视频的生动性，增强短视频的表达效果。使用抖音App的短视频制作功能，能为短视频添加贴纸，创作出更加有趣的短视频作品，其具体操作步骤如下。

▷**第1步** 打开抖音App，拍摄或导入一段视频素材。进入短视频制作页面后，点击页面右侧的"贴纸"图标，如图6-25所示。

▶**第2步** 进入贴纸选择页面，有多款贴纸可以选择。选择一款喜欢的贴纸，如图 6-26 所示。

▶**第3步** 点击目标贴纸，页面自动跳转后，可以看到贴纸已经添加在短视频中。按住贴纸，将其拖曳到合适的位置，并调整贴纸的大小，如图 6-27 所示。

图 6-25 点击"贴纸"图标

图 6-26 选择贴纸

图 6-27 调整贴纸的位置和大小

 课堂实训

任务一 将短视频发布到抖音平台

短视频制作完成后，就可以发布了。将短视频发布到抖音平台的具体操作步骤如下。

▶**第1步** 打开抖音 App，拍摄或导入一段视频素材。进入短视频制作页面对视频素材进行编辑，编辑完成后返回视频预览页面，如图 6-28 所示。在该页面中直接点击"☑"按钮，短视频将直接作为"日常"内容公开发布在抖音平台上，公开展示时间为 1 天，1 天后，该短视频作品将转为"私密"作品。如果需要长期展示该短视频，可以点击"下一步"按钮，进行发布设置。

▶**第2步** 进入发布设置页面，如图 6-29 所示，为短视频编辑文案，在其中添加话题或 @好友，并完成短视频发布前的各项设置，包括设置定位、选择是否添加小程序、设置可观看视频的人群、选择合适的封面等。全部设置完成并确认无误后，点击"发布"按钮，即可将短视频发布到抖音平台。

图 6-28　视频预览页面

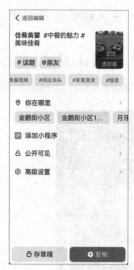

图 6-29　发布设置页面

任务二　设置好看的短视频封面

短视频封面就像一个人的脸，是影响观众对作品第一印象的重要因素。设置一个赏心悦目又抓人眼球的短视频封面很重要，在抖音 App 中设置短视频封面的具体操作步骤如下。

第1步 完成短视频制作后，在发布设置页面点击"选封面"按钮，如图 6-30 所示。

第2步 进入封面选择页面后，按住白色方框左右拖动，选择合适的视频画面作为封面，如图 6-31 所示。确定封面后，点击页面右上角的"下一步"按钮。

第3步 弹出新页面，创作者可以使用模板优化短视频封面，也可以直接添加封面文字。这里以直接添加封面文字为例进行介绍，单击页面下方的"文字"选项，如图 6-32 所示。

图 6-30　点击"选封面"按钮

图 6-31　选择封面

图 6-32　添加封面文字

◎**第4步** 输入文字，并选择字体和字体颜色、调整文本位置和大小，完成后点击页面右上角的"保存封面"按钮，如图 6-33 所示。

◎**第5步** 返回发布设置页面，即可看到短视频封面已经设置成功，如图 6-34 所示。

图 6-33 输入、调整封面文字并
点击"保存封面"按钮

图 6-34 封面设置成功

 项目评价

学生自评表

表 6-1 技能自评

序号	技能点	达标要求	学生自评	
			达标	未达标
1	了解抖音 App 的工作页面	1.能够合理使用抖音App"首页"页面中的各功能按钮 2.能够合理使用抖音App短视频拍摄页面中的各功能按钮 3.能够合理使用抖音App短视频制作页面中的各功能按钮		

续表

序号	技能点	达标要求	学生自评	
			达标	未达标
2	掌握使用抖音App进行拍摄的常用技巧	1.能够合理设置滤镜 2.能够进行分段拍摄，并合成一段视频 3.能够调整视频播放速度 4.能够制作合拍视频		
3	掌握使用抖音App进行视频编辑的常用技巧	1.能够为短视频添加背景音乐 2.能够为短视频添加贴纸		

表6-2　素质自评

序号	素质点	达标要求	学生自评	
			达标	未达标
1	洞察能力	1.具备敏锐的观察力 2.善于搜集有用的资讯		
2	总结归纳能力	1.具备较强的分析能力 2.逻辑思维能力强，善于整理相关资料并加以总结归纳		
3	独立思考能力和创新能力	1.遇到问题善于思考 2.具有解决问题和创新发展的意识 3.善于提出新观点、新方法		
4	实践能力	1.具备社会实践能力 2.具备较强的理解能力，能够掌握相关知识点并完成项目任务		

教师评价表

表6-3　技能评价

序号	技能点	达标要求	教师评价	
			达标	未达标
1	了解抖音App的工作页面	1.能够合理使用抖音App"首页"页面中的各功能按钮 2.能够合理使用抖音App短视频拍摄页面中的各功能按钮 3.能够合理使用抖音App短视频制作页面中的各功能按钮		

序号	技能点	达标要求	教师评价	
			达标	未达标
2	掌握使用抖音 App 进行拍摄的常用技巧	1.能够合理设置滤镜 2.能够进行分段拍摄，并合成一段视频 3.能够调整视频播放速度 4.能够制作合拍视频		
3	掌握使用抖音 App 进行视频编辑的常用技巧	1.能够为短视频添加背景音乐 2.能够为短视频添加贴纸		

表6-4　素质评价

序号	素质点	达标要求	教师评价	
			达标	未达标
1	洞察能力	1.具备敏锐的观察力 2.善于搜集有用的资讯		
2	总结归纳能力	1.具备较强的分析能力 2.逻辑思维能力强，善于整理相关资料并加以总结归纳		
3	独立思考能力和创新能力	1.遇到问题善于思考 2.具有解决问题和创新发展的意识 3.善于提出新观点、新方法		
4	实践能力	1.具备社会实践能力 2.具备较强的理解能力，能够掌握相关知识点并完成项目任务		

 思政园地

以小屏话大国，在短视频中探寻中华文化与文明

　　2023 年 4 月 28 日，第十三届北京国际电影节短视频单元主题论坛在雁栖湖国际会展中心举办。论坛现场，业界代表和学界代表围绕"短视频里的文化与文明"这一主题，通过交流实战经验与学术思想，探讨利用高质量短视频促进文化传播、展现中华文化、讲好中国故事的路径、方法。

　　本次论坛主题发言分为"短视频里的文化传播""短视频里的中华文明""短视频里的中国故事"3 个系列。

　　中国传媒大学电视学院教授田维钢指出，目前，短视频领域存在内容低俗、同质化严重等问题，

创作高质量的深度作品应该是创作者追求的方向。"有人说短视频是'短'的，怎么可能'深'？但在这次评选中，我们看到了大量有深度思考的、将传统文化和当代文化结合的作品。创作者应该提高短视频内容的认知性和文化性，为用户提供有价值的信息和知识。"教授表示。

在扩大中华文化与文明影响力方面，短视频有何积极作用？中央民族大学新闻与传播学院院长赵丽芳认为，技术赋权下的短视频能让更多元的民族文化被看见，让每个人、每片乡土、每个民族被记录。人民网人民视频总编辑申宁分享了短视频助力中华文化迸发活力的三大方法论：以短视频激活中华文化之美、以短视频凝聚向上向善力量、以短视频激发政务传播活力。中国社会科学院新闻与传播研究所研究员、中国社会科学院大学新闻传播学院副院长殷乐认为，短视频是多元文化的交融之所，应当以它为"楔子"，在此基础上建构起新的文化形态和文化场域，让古今中外各种不同的文化在此相遇。

请针对素材内容，思考以下问题。
①谈一谈短视频在传播中华文化与文明方面所起的作用。
②你认为如何策划短视频内容才能做到让短视频更"深"？

_____

_____

_____

 ## 课后习题

①使用抖音App的"分段"（拍摄）功能拍摄一条短视频，并写下拍摄过程中的得与失。

_____

_____

_____

②使用抖音App为短视频添加背景音乐，并写下制作过程中的得与失。

_____

_____

_____

项目七

短视频拍摄与制作实战指南

 项目导入

随着短视频市场越来越大，用户越来越多，以及UGC对市场内容的占据，短视频的种类变得越来越多样。常见的短视频大致可以分为四大类，即产品营销类短视频、美食类短视频、生活记录类短视频(Vlog)和知识技能类短视频。不同类型的短视频，拍摄要点和制作方法略有不同。

短视频创作者要想创作出高质量的短视频作品，吸引更多粉丝的关注，需要掌握不同类型短视频的拍摄原则、拍摄要点和制作要领。本项目以常见的4种短视频类型为例，通过实战案例，为大家详细讲解短视频拍摄与制作的方法和技巧，帮助短视频创作者更好地掌握短视频拍摄与制作的实战应用技能。

 学习目标

💡 知识目标

①学生能够说出产品营销类短视频的拍摄原则。
②学生能够说出生活记录类短视频(Vlog)的拍摄原则。
③学生能够说出美食类短视频的拍摄原则。
④学生能够说出知识技能类短视频的拍摄原则。

💡 能力目标

①学生能够掌握产品营销类短视频的拍摄原则、拍摄要点和制作要领。
②学生能够掌握生活记录类短视频(Vlog)的拍摄原则、拍摄要点和制作要领。
③学生能够掌握美食类短视频的拍摄原则、拍摄要点和制作要领。
④学生能够掌握知识技能类短视频的拍摄原则、拍摄要点和制作要领。

素质目标

①学生具备敏锐的洞察能力。
②学生具备总结归纳能力。
③学生具备独立思考能力。
④学生具备较强的实践能力。

项目实施

7.1 拍摄与制作产品营销类短视频

随着短视频用户量的高速增长，短视频营销已然成为当下最热门的产品营销方式之一，短视频本身也成为不少商家公认的卖货利器。一条优质的产品营销类短视频能够有效提升消费者的停留时间，从而促进产品的销售转化。下面为大家详细介绍产品营销类短视频的拍摄与制作方法。

7.1.1 产品营销类短视频的拍摄原则和拍摄要点

在各大短视频平台上，运营者将多种元素融入短视频作品，衍生出了以短视频为媒介的新型输出方式，其中最常见的是将适合的产品融入短视频作品，通过短视频展现产品优势，进行产品营销。那么，如何拍摄产品营销类短视频能最大程度地展示产品优势，吸引用户下单购买呢？下面为大家详细介绍产品营销类短视频的拍摄原则和拍摄要点。

1. 产品营销类短视频的拍摄原则

产品营销类短视频是产品营销的一种表现形式，其终极目的是引起用户对产品的兴趣，促使他们点击"小黄车"链接下单购买产品。想要用产品打动用户的心，拍摄产品营销类短视频时需要遵循以下 3 个基本原则。

（1）**突出产品特性**

产品营销类短视频的拍摄重点是突出产品的特性和卖点，让用户快速了解产品的优势和价值。对于一款产品来说，其核心竞争力一定在于其功能优势，因为产品的本质是帮助人们解决问题。比如，吸尘器的本质作用是帮助人们更好地解决卫生问题；电视机的本质作用是丰富人们的生活，为人们提供文化享受。消费者之所以选择购买这些产品，往往是因为看中了这些产品的功能优势所带来的使用价值。

产品营销类短视频的"主角"——产品，在功能方面与同类产品相比应当存在一定的优势。例如，某短视频作品着重展示了一款"滤油勺"，该产品的功能优势在于将普通汤勺的功能与滤油工具的功能合二为一，让用户在盛汤过程中轻松地将油与汤分离，如图 7-1 所示。

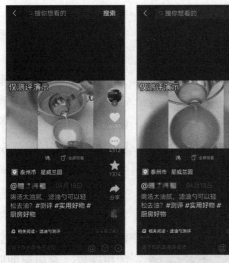

图 7-1　展示产品功能优势的短视频作品

通过产品营销短视频对产品功能进行的直观展示，用户可以切身体会到产品的功能优势所在。如果短视频内容直击用户痛点，所着重展示的产品真的能帮助用户解决油汤难分离的问题，用户很容易被打动，进而下单购买该产品。

创作者拍摄短视频时，可以将产品的优势放大，使用夸张的手法展示产品的特征，加深用户对产品的印象。例如，某短视频作品中展示的菜刀刀口锋利，不仅可以轻松地砍骨头，而且可以刀刃完好无损地砍钢管，如图 7-2 所示。短视频可以通过展示产品使用过程，将该菜刀的优势放大，给用户留下深刻的印象。

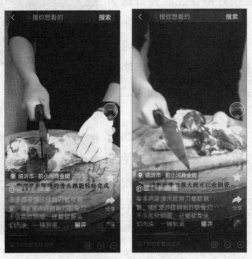

图 7-2　放大产品的优势

（2）激发用户需求

短视频策划要围绕用户需求进行，把产品功能与用户需求联系起来，让用户觉得这是一款能真正满足自己需求的产品。策划产品营销类短视频的内容时，短视频创作者可以围绕产品本身的功能

图 7-3　策划创意段子，激发用户需求

和特点，结合创意段子，对产品进行全面展示，通过打造形式新颖的短视频内容，激发用户的购买需求。

例如，某短视频作品使用两个好朋友相互关心的段子来推广某品牌的按摩仪产品，如图 7-3 所示。视频大意为一个女孩生病住院，身体很虚弱，想让一旁的好朋友帮她倒杯水，但她的好朋友径直走出了病房。同病房的病友都在指责这个女孩的朋友，女孩却想起了她们相处过程中的美好瞬间。女孩的朋友是一个女强人，经常加班到深夜，有一次，女孩专门给她的朋友买了某品牌的按摩仪，希望帮助朋友缓解工作带来的疲劳。这个朋友对女孩也很好，平日里有什么活，朋友总是抢着干，还经常给女孩买衣服。正当女孩回忆以前和朋友相处的场景时，医生来查房了，让女孩安心养病，并告诉女孩她的朋友已经替她结清了住院费。女孩冲出病房想去找自己的朋友，只见朋友拿着刚刚买回的桶装水抽水泵正急匆匆地往病房赶。女孩的朋友看到女孩后，一把抓住了她的手，不停地说着自责的话。原来朋友是觉得自己没有照顾好女孩，所以愧疚地想一次性为女孩处理好所有需要操心的事。

（3）为产品赋予情感内涵

与图文营销相比，短视频营销往往能够营造更好的氛围。很多时候，用户下单购买产品不仅是因为产品能解决他们的问题，更是因为产品蕴含着足够的情感。为产品赋予情感内涵是一种十分高明的营销手段，商家在售卖产品的同时，也在售卖这款产品所蕴含的情感。

例如，某短视频作品展示了香薰产品，如图 7-4 所示。这类产品的本质是为人们提供嗅觉方面的享受，不过精明的商家会让这类产品与"精致""格调""品味"等关键词"挂钩"，体现人们对生活品质的追求。这种情感内涵的加成，是产品溢价的主要来源之一。

图 7-4　为产品赋予情感内涵的短视频作品

💡**提示**　溢价，原本为证券市场用语，意为交易价格超过证券票面价格，在此引申为产品的售价超过其本身价值。

2. 产品营销类短视频的拍摄要点

使用短视频进行产品营销，能够有效放大产品的优势，达到更好的营销效果。目前，短视频营销已经成为很多商家最主要的产品营销方式之一，短视频创作者在拍摄产品营销类短视频时，需要使用一些拍摄技巧，巧妙地将产品广告信息植入短视频，提高短视频拍摄的效率与质量，吸引更多用户的关注。下面为大家介绍拍摄产品营销类短视频的 5 个基本要点。

(1) 构思故事情节

拍摄产品营销类短视频时，为了让短视频内容更加丰富、有趣，创作者可以构思一个故事情节，用于引入产品；或是将产品展示与使用技巧展示结合，不仅形式新颖，而且有"干货"，更容易被用户接受。

例如，某短视频作品中，创作者编排了一个女生第一次到暧昧对象家里发生的小故事来引出一款冰箱产品，如图 7-5 所示。

图 7-5　将产品展示嵌入小故事

(2) 选择合适的拍摄场景

拍摄产品营销类短视频时，需要注意背景环境与产品的搭配。例如，某短视频作品展示了一款户外帐篷，创作者选择了户外场景，并告诉大家该产品的真实使用感受，使短视频作品更加自然、生动，如图 7-6 所示。

图 7-6　选择适合的拍摄场景

(3) 适当加快视频节奏

拍摄产品营销类短视频时，需要掌握好视频的拍摄节奏。拍摄产品制作类短视频，是为了更好地展示产品制作的全过程，通常需要在视频的后期加工过程中压缩视频的播放时长。例如，某短视频作品用短短 3 分钟展示了某款实木茶几的制作过程，如图 7-7 所示。制作这款实木茶几包括数十个不同的环节，这条短视频却将这个实际需要花费至少几个小时的过程压缩到了 3 分钟，不仅保证了其产品制作过程的完整性，也最大程度地考虑了用户观看的耐心。

图 7-7　加速实木茶几制作过程的短视频作品

提示 为了便于后期加工处理，拍摄产品的制作过程时，可以先拍摄一个完整的长视频，再进行后期剪辑；也可以先分段拍摄多个视频素材，如一个制作步骤拍摄一个视频素材，再进行后期拼接、剪辑。

（4）合理使用镜头

使用不同的镜头，如全景镜头、中景镜头，可以拍摄出不同的效果。拍摄产品营销类短视频时，需要根据视频内容选择合适的镜头进行拍摄，以保证画面的视觉效果。比如，拍摄产品评测类短视频时，既需要用全景镜头展示评测产品的全貌，又需要用特写镜头展示评测产品的诸多细节，以加深用户对产品的了解，如图 7-8 所示。又如，拍摄产品产地采摘/装箱类短视频时，应尽量使用长镜头，采用"一镜到底"的方式进行拍摄，更好地向用户展示产品的真实性和新鲜度。

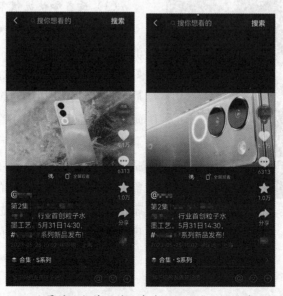

图 7-8　全景镜头与特写镜头在产品评测类短视频中的应用

（5）多角度光源相结合

在室内拍摄产品营销类短视频时，多使用固定机位，将产品放在展示台上进行拍摄。在光线控制方面，最好不要只使用单一顶光，否则视频画面中的产品上会出现大块的阴影，影响最终的视觉效果。建议创作者使用多种不同角度光源相结合的方法进行拍摄，使拍摄对象的每个面都被照亮，提升短视频的拍摄质量。

7.1.2 产品营销类短视频的制作要领

产品营销类短视频的制作重点在于展示产品的卖点、激发用户的购买欲望，因此，这类短视频在后期制作方面的技术要求并不高，不需要展示特别精美的画面，只需要添加合理的文字说明和合适的配乐。

短视频创作者制作产品营销类短视频时，可以为短视频作品添加字幕，结合视觉元素突出产品卖点，让用户更加直观地参与和接受产品推荐过程。例如，某短视频作品展示了一款美食的制作过程，通过字幕解说和特写镜头，帮助用户直观了解了该美食，如图 7-9 所示。

图 7-9　字幕解说和特写镜头

使用与产品特性相符的背景音乐，能够优化产品营销类短视频的整体氛围，加深用户对产品或品牌的记忆。例如，制作产品评测类短视频，前期，在用户通常对产品持怀疑态度时，可以选择紧张、节奏感强的音乐作为背景音乐，快速唤起用户的好奇心；后期，展示产品积极、正向的本质功能时，可以选取节奏缓慢的音乐作为背景音乐，利于用户放下心来，相信、认可产品。

> 💡提示　适当添加动画、运动图形等元素，可以使短视频的趣味性更强，更迅速地吸引用户的注意，并醒目、清晰地传递产品重点信息。

7.2 拍摄与制作生活记录类短视频（Vlog）

Vlog指视频记录、视频博客、视频网络日志，是博客的一种类型。生活记录类短视频（Vlog）是以生活记录为主题的短视频作品，主要用于记录和展示创作者的日常生活、所见所闻，通常能够为观众带来温馨、亲切的感觉。下面为大家详细介绍生活记录类短视频（Vlog）的拍摄与制作方法。

7.2.1 生活记录类短视频（Vlog）的拍摄原则和拍摄要点

每个人都是生活的主角，都可以以自己的视角记录生活——生活记录类短视频（Vlog）之所以受欢迎，是因为它展示的内容真实、亲切，能够很好地拉近创作者与观众之间的心理距离。生活记录类短视频（Vlog）的拍摄原则和拍摄要点，是以创作者的真实经历为切入点，从简单平凡的生活中提取能让观众产生共鸣的主题进行创作。

1. 生活记录类短视频（Vlog）的拍摄原则

拍摄生活记录类短视频（Vlog）需要遵循两个拍摄原则，即保持真实和画面清晰，如图 7-10 所示。

生活记录类短视频（Vlog）记录的是生活中精彩、有趣的瞬间，并不需要使用高深莫测的拍摄手法，只要简简单单地记录创作者真实的日常生活状态即可。例如，某生活记录类短视频（Vlog）账号的博主是一个心灵手巧的独居女孩，喜欢做美食，享受一个人的独居时光，所以，该账号发布的短视频作品主要记录博主下班回家一个人制作美食的场景，如图 7-11 所示。该账号中的所有短视频作品都来源于博主的真实生活，博主的初衷是展示"独居女孩"这个群体丰富、精致的日常生活。

图 7-10　拍摄生活记录类短视频
（Vlog）的两大拍摄原则

图 7-11　记录真实生活的短视频作品

拍摄生活记录类短视频（Vlog），除了需要保证内容真实，还需要注意拍摄画面是否清晰。生活记录类短视频（Vlog）记录的是创作者真实的日常生活，因此，有时候拍摄地点在户外。户外拍摄大多不具备固定拍摄设备的条件，很多时候需要创作者手持拍摄设备进行拍摄，这时，画面的稳定、清晰与否就成了视频最终效果优劣的关键影响因素。如果由于镜头抖动或其他原因导致画面不清晰，再好的内容也很难留住观众。

所以，建议生活记录类短视频（Vlog）的创作者选择高清防抖的拍摄设备，同时配备云台等稳定器帮助维持画面稳定。只有在画面清晰、稳定的前提下，走心的文案、精美的内容、炫酷的剪辑才有"用武之地"。

2. 生活记录类短视频（Vlog）的拍摄要点

生活记录类短视频（Vlog）以记录创作者的日常生活为主要内容，常见的类型包括日常生活类短视频、旅行类短视频和萌宠/萌宝类短视频。下面以3种常见类型的生活记录类短视频（Vlog）为例，为大家介绍生活记录类短视频的拍摄要点。

（1）**日常生活类短视频的拍摄要点**

很多短视频平台建立的初衷是方便用户及时记录、分享美好的生活瞬间，正如抖音平台的那句广告语——记录美好生活。虽然随着短视频行业的不断发展，涌现出越来越多的短视频类型，但日常生活类短视频仍然是最"接地气"的短视频类型。下面为大家介绍日常生活类短视频的拍摄要点。

①拍摄时为场景留出展示空间。日常生活类短视频常见的拍摄手法是创作者以自拍的形式记录、讲述自己的生活，这是最早兴起的Vlog模式。进行这类短视频拍摄时需要注意，创作者不能占满整个画面，要为身后的场景留出展示空间，让观众切实看到自己身后的场景，以便他们对视频内容更加感同身受。如图7-12所示，观众根据短视频中的场景，能够很容易地辨认短视频创作者身处的环境和当时的状态，这些细节上的处理可以有效提升观众对短视频作品的信服度。

图7-12　拍摄时留出背景空间的短视频作品

②花样拍摄，为短视频增加亮点。日常生活类短视频很大程度上是在依靠创作者的个人魅力吸引观众，没有过多转折性的剧情，因此，短视频创作者可以考虑在拍摄上下功夫，使用较为新颖的拍摄手法为短视频增加亮点。例如，某短视频作品使用了多种运镜方式和视角进行拍摄，使整个短视频作品拥有大片既视感，如图7-13所示。

图 7-13 使用花样拍摄手法的短视频作品

（2）旅行类短视频的拍摄要点

旅行类短视频是生活记录类短视频（Vlog）的一大分支，如今，随便打开一个短视频平台，都能看到大量风格鲜明的旅行类短视频。旅行类短视频，有以个人形式出镜的，也有以夫妻、闺密、亲子等形式出镜的。不管是哪种旅行类短视频，创作者除了向观众展示美丽的风景，更多的是向观众传递积极向上的生活态度。下面我们来看看旅行类短视频的拍摄要点。

①给身后的风景留位置。拍摄旅行类短视频，不管创作者是手持相机进行自拍，还是固定相机位置进行视频录制，抑或是有专门的摄影师进行跟拍，千万不能忘记一点——给身后的风景留位置。美丽的风景是大部分旅行类短视频不可或缺的元素，短视频创作者需要让身后独特的风景做自己不可替代的"背景板"，为短视频注入独一无二的生命力，如图 7-14 所示。

图 7-14 为身后的风景留位置

②提供旅行攻略。拍摄旅行类短视频，除了要为观众展示美丽的风景，还要为观众提供方便快捷的旅行攻略，以及关于当地风俗的注意事项，避免观众实地探访时遇到尴尬情况。通常，短视频创作者会将旅行攻略统一添加在短视频结尾处，如图 7-15 所示。

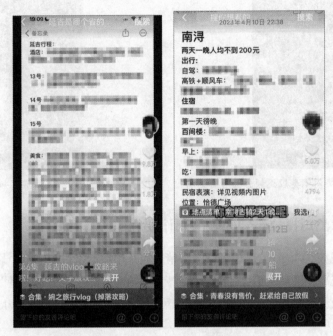

图 7-15　短视频结尾处的旅行攻略

（3）萌宠 / 萌宝类短视频的拍摄要点

"萌"，主要用来形容可爱的人或事物。大多数人对可爱的人或事物是没有抵抗力的，这就是萌宠/萌宝类短视频能在竞争激烈的短视频市场中占据一席之地的原因。萌宠/萌宝类短视频的拍摄要点主要有以下两点。

①制造"对比度"。拍摄萌宠类短视频，有一点需要创作者特别注意，即制造"对比度"，避免宠物的毛色和背景色相近，否则会使观众无法第一时间辨认出拍摄对象，严重影响短视频画面的视觉效果和观众的观看感受。如图 7-16 所示，某萌宠类短视频作品在制造"对比度"方面做得不错，短视频开头，创作者以草坪为背景拍摄金毛狗，制造了强烈的视觉对比，不仅成功突出了拍摄对象，也吸引了观众的注意力。

②善用各种道具。拍摄萌宠/萌宝类短视频，可以使用一些道具与萌宝或萌宠进行互动，或者将道具穿戴在萌宝或萌宠的身上，这样拍摄出来的短视频往往更具萌态，更容易打动观众的心。例如，某萌宝类短视频以玉米为道具，展示小朋友向家长"借牙"的搞笑片段，让人感觉萌态十足，如图 7-17 所示。

图 7-16　某萌宠类短视频作品

图 7-17　某萌宝类短视频作品

7.2.2 生活记录类短视频（Vlog）的制作要领

生活记录类短视频（Vlog）类似于将一张张精美照片串联起来讲述一个个影像故事，对画面质感及转场的要求比较高。很多人拍摄视频素材时，为了丰富内容，会追求"量"，若后期处理不当，很容易导致整条短视频像是流水账，毫无吸引力可言。生活记录类短视频（Vlog）的后期制作应重点关注以下几点。

- 音乐：生活记录类短视频（Vlog）的音乐有缓有急，常根据内容的变化而变化，如视频内容以闲适生活为主时，使用舒缓的音乐；视频内容以调动情绪、好奇心为目的时，使用激昂的音乐，增强画面感。
- 转场特效：为了增强代入感，生活记录类短视频（Vlog）一般在使用节奏感比较强的音乐时叠加使用转场特效。转场特效的时长控制在 1 秒左右为宜，更能增强视觉冲击力。
- 滤镜：不同的滤镜，会让画面呈现不同的风格效果，生活记录类短视频（Vlog）的滤镜使用频率比较高。
- 字幕：生活记录类短视频（Vlog）大多需要字幕辅助表达，创作者可以在短视频开头用字幕说明短视频拍摄地点、时间等。
- 画面特效：在短视频开头或结尾使用"电影版""黑森林""老电影""电影感画幅"等画面特效，能有效增强短视频画面的电影感。

> **提示** 生活记录类短视频（Vlog）的后期制作应该尽量保证对原始素材的尊重，避免出现过度篡改及造假等不良行为，影响观众的观看体验。

7.3 拍摄与制作美食类短视频

俗话说，民以食为天。美食类短视频往往比其他类型的短视频更受观众青睐，受众人群也更广，下面为大家详细介绍美食类短视频的拍摄与制作方法。

7.3.1 美食类短视频的拍摄原则和拍摄要点

对美食类短视频的创作者来说，想要收获高流量，需要将美食"色香味俱全"的视觉效果完美地呈现出来。下面为大家详细介绍美食类短视频的拍摄原则和拍摄要点。

1. 美食类短视频的拍摄原则

拍摄美食类短视频，需要寻找合适的光线与角度，并且注意保持画面的简洁。

（1）寻找合适的光线与角度

美食不仅是美味的，其外观也大多是诱人的。拍摄美食类短视频，创作者要尽可能选择最合适的光线与角度。例如，拍摄沸腾的麻辣火锅，最好选择有暖光光源的环境，45°俯拍锅底，这样能使拍摄出来的火锅图像看上去更有食欲，如图 7-18 所示。

图 7-18　选择合适的光线与角度拍摄火锅

> 💡提示　拍摄美食探店类短视频，创作者最好自带补光灯。不同类型的美食店铺为了营造所需要的氛围，会使用不同亮度、色调的灯光，比如，一些西餐厅的灯光会设计得比较暗，给顾客营造静谧的氛围，这样的灯光环境显然不利于美食探店类短视频的拍摄，此时，自带补光灯为人物或者美食进行补光就显得十分有必要。

（2）注意保持画面的简洁

拍摄美食类短视频时，如果桌面比较杂乱，最好用心地对桌面物品进行整理，有技巧地摆放桌面上的物品，以保证短视频画面的简洁、有序，进而保证构图上的美感。如果桌面物品实在难以整理，创作者可以将画面放大，使用特写镜头进行拍摄，让画面干净、简洁，如图 7-19 所示。

图 7-19　画面简洁的美食短视频

> 💡**提示** 拍摄美食类短视频，不要使用透明胶垫、一次性塑料桌布等物品进行桌面布置，因为这些物品容易反光，使用不当会严重影响短视频的拍摄质量。

美食类短视频要突出美食，注意短视频的真实性和合理性，不可过度美化或夸大食物的造型、效果，要切实呈现食物的形态和特点，避免虚假宣传。

2. 美食类短视频的拍摄要点

在各大短视频平台上，各种类型的美食类短视频层出不穷，常见的有美食制作类短视频、美食探店类短视频和美食评测类短视频。不同的美食类短视频有不同的拍摄要点，下面为大家详细介绍常见美食类短视频的拍摄要点。

（1）美食制作类短视频的拍摄要点

在各大短视频平台上，美食制作类短视频有巨大的市场潜力。美食制作类短视频的拍摄关键在于清晰地展示美食的制作步骤，以及将最后的成品以最诱人的方式展示出来。美食制作类短视频的拍摄要点主要有以下两点。

①灵活的拍摄手法。拍摄美食制作类短视频，一方面需要对制作步骤进行展示，另一方面需要对成品进行展示。拍摄制作步骤时，通常是固定一个拍摄位置，对制作平台进行俯拍；拍摄成品时，则可以不断移动镜头，找最好的角度进行拍摄。例如，某美食制作类短视频作品展示了制作一道孜然煎羊排的过程和成品，创作者分别运用俯拍和移镜头的拍摄方法来展示菜品的制作过程和制作好的成品，如图 7-20 所示。

图 7-20　分别运用俯拍和移镜头的方式拍摄美食制作类短视频

②配合使用高颜值的道具。美食制作类短视频之所以如此受欢迎，是因为它在用美食给人们带来治愈感的同时，还展示了一种精致的生活态度，为大家的生活增添了许多情趣——很多观众在观看美食制作类短视频时，会不由自主地憧憬这样精致、美妙的生活。因此，拍摄美食制作类短视频，要格外关注短视频的美感，除了展示精美的菜肴，使用的器具也需要有一定的"颜值"，让观众充分感受制作美食的美好与乐趣。例如，某美食制作类短视频作品中，无论是美食本身，还是制作美食所用的锅具、餐具，抑或是其他道具，都十分精美，如图 7-21 所示。

图 7-21　美食制作类短视频作品中的高颜值道具

（2）美食探店类短视频的拍摄要点

美食探店类短视频主要用于记录短视频创作者亲身探寻和体验当地人气美食的过程。美食探店类短视频大多需要短视频创作者真人出镜，对实体餐饮店售卖的美食进行品鉴，并将自己的体验感受分享出来，为观众提供就餐建议。拍摄美食探店类短视频，需要格外注意以下两点。

①提前展示环境。进入店铺或是夜市等目的地前，短视频创作者最好能够拍摄一下目的地周围的环境，包括店铺的招牌、附近的标志性建筑物等。这样做的目的主要有两个，其一是让观众通过店铺外观了解其风格，其二是方便观众自行前往时更精准地找到目的地。展示店铺外环境与招牌的美食探店类短视频作品如图 7-22 所示。

图 7-22　展示店铺外环境与招牌的美食探店类短视频作品

②抓住拍摄时机。拍摄美食探店类短视频，短视频创作者最好选择在用餐高峰时段对在店外排队、在店内用餐的人群进行一定的拍摄记录。虽然这样做会增加拍摄短视频的时间成本，但有两大好处无法忽视，一是向观众展示店铺火爆的人气，二是提醒观众如果要到店用餐或购买美食，一定要预留排队的时间，以优化观众的体验，增加观众对短视频创作者以及账号的忠实度。在用餐高峰时段拍摄的美食探店类短视频如图 7-23 所示。

图 7-23　在用餐高峰时段拍摄的美食探店类短视频

（3）美食评测类短视频的拍摄要点

美食评测类短视频与产品评测类短视频类似，只不过评测的产品以美食为主。美食评测类短视频的主要内容是对目标美食的味道进行品鉴，其拍摄要点如下。

①展示美食并多方位点评。美食评测类短视频的主要内容是美食品鉴，短视频创作者需要清晰地向观众展示美食，并就美食的外形、气味、口感等各个方面进行点评，分享自己吃过这款美食后的感受。美食评测类短视频的拍摄关键在于要完整记录展示和点评美食的过程，例如，某美食评测类短视频作品中，短视频创作者对一款美食进行了展示和点评，并介绍了自己亲自品尝后的一些感受，如一点也不腥、很有嚼劲等，如图 7-24 所示。

图 7-24　某美食评测类短视频作品中展示和
点评美食的画面

②对多款美食进行对比。拍摄美食评测类短视频，如果单评测一款美食，短视频创作者很难让观众感受到这款美食与其他美食的差别，很容易使观众产生乏味感。因此，拍摄美食评测类短视频前，建议短视频创作者多挑选几款美食产品，进行对比评测，这样做不仅可以增加短视频的趣味性，也能够给观众带去更直观的体验。

例如，某美食评测类短视频作品对几款烤肠进行了对比评测，如图 7-25 所示。这种进行了对比评测的美食评测类短视频，不仅会为观众带去新鲜感，还能让吃过这些烤肠的观众对短视频中评测的烤肠有更深刻的体会。

图 7-25　美食对比评测

7.3.2 美食类短视频的制作要领

制作美食类短视频，需要根据不同的视频类型和主题合理使用各种素材和技巧，让视频有更好的效果和品质，以便吸引观众的目光，达到引导购买等营销和推广效果。

美食类短视频想要吸引关注，需要展示秀色可餐、食欲满满的美食，优化食物的视觉效果。那么，短视频创作者如何通过后期剪辑让短视频中的美食更具吸引力呢？答案是添加滤镜。

为美食类短视频添加美食滤镜，可以对食物成品进行调色，优化短视频中食物的色彩纯度和饱和度，使食物看上去更具诱惑力，激发观众想要品尝该美食的冲动。剪映 App 为用户提供了多款美食滤镜，包括"气泡水""轻食""暖食""赏味"等，如图 7-26 所示。

图 7-26　剪映 App 中的部分美食滤镜

除此以外，进行美食类短视频后期制作时还应注意以下几点。

- 剪辑：对视频素材进行选取和剪辑，删除不必要的内容和画面，精简视频的长度和内容，让短视频更加流畅、有趣。
- 颜色调整：根据短视频的主题和氛围，通过调整色彩、亮度、对比度等参数，让画面更加真实、自然、美观和协调。
- 添加字幕和特效：针对美食类短视频的特点，添加字幕，介绍食物的名称、特色等。此外，还可以添加独特的转场效果，强化短视频的视觉冲击力。
- 音效制作：对音效（包括食材烹饪过程中的声音）进行选取、削减和处理，能够给观众带来更加真实的观感。
- 蓝光制作：提高短视频的质量和平台适应性，保证高清、流畅的播放效果。

7.4　拍摄与制作知识技能类短视频

知识技能类短视频，致力于用简单易学的方式为用户传授各种有价值的知识和实用技能。很多用户通过观看这类短视频，可以在短时间内轻松掌握一项知识或技能，因此，这类"干货"十足的短视频一直深受广大用户的喜爱。下面为大家详细介绍知识技能类短视频的拍摄与制作方法。

7.4.1 知识技能类短视频的拍摄原则和拍摄要点

创作知识技能类短视频的根本目的是向用户传授一项知识或技能，解决他们实际生活中的某个问题。因此，短视频创作者要以实用为出发点，制作便于用户理解的知识技能类短视频。下面为大家详细介绍知识技能类短视频的拍摄原则和拍摄要点。

1. 知识技能类短视频的拍摄原则

知识技能类短视频的实用性很强，用户浏览这类短视频，通常带有一定的目的性，基于此，拍摄知识技能类短视频需要遵循以下两条拍摄原则。

（1）以"展示问题，解决问题"为主

创作者在选取知识技能类短视频的拍摄题材时，需要贴近生活，抓住主要用户群体在工作、生活、学习中遇到的常见问题，引起用户共鸣。展示问题时，短视频创作者需要具体到问题的每一处细节，让用户产生沉浸感，有继续观看短视频的欲望。在短视频的后半程，创作者要针对问题给出具体的解决途径，明确操作步骤和方法，以便行之有效地解决问题。总的来说，知识技能类短视频拍摄的主要脉络是先展示问题，再解决问题，把握好拍摄节奏，不可拖沓。

（2）重点展示操作步骤和方法

知识技能类短视频重在帮助用户解决实际工作、生活、学习中的问题，而通过实际操作展示相关的知识和技能最为直观。短视频创作者要想办法证明短视频中展示的方法是真实有用的，用户学会后，能切实解决自己遇到的问题。如果短视频创作者准备亲自动手展示解决问题的步骤和方法，自己必须非常熟练，否则容易让用户对短视频的专业度产生怀疑，进而降低对账号的好感。

2. 知识技能类短视频的拍摄要点

通过知识技能类短视频，创作者要清晰地将知识技能传递给用户，并关注用户掌握知识点的实际能力。知识技能类短视频的拍摄要点主要有以下 5 个。

（1）拍摄角度灵活

拍摄介绍生活小知识、小技巧等的知识技能类短视频时，需要灵活使用不同的拍摄机位。例如，拍摄衣物收纳叠放小技巧时，一般会选用俯拍机位，并铺设纯色背景，这样，镜头下的每一个步骤都会清晰、明确，如图 7-27 所示。

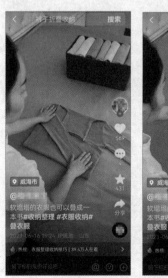

图 7-27　使用俯拍机位拍摄生活小技巧类短视频

（2）展现形式多样

拍摄注重"干货"知识分享的短视频作品时需要注意，如果专业性太强，且缺少趣味性，很容易让浮躁的用户失去观看的耐心。拍摄这种类型的短视频作品时，创作者可以尝试用多种不同的形式来分享知识，如动画形式，增加短视频的趣味性和生动性，如图 7-28 所示。

图 7-28　动画形式的知识分享类短视频作品

（3）突出实用性

为了高效吸引用户，拍摄知识技能类短视频时，短视频创作者需要思考如何突出某项知识或技能的实用性，强调用户掌握这项知识或技能后会发生的改变。例如，某短视频作品中，短视频创作者在展示传统剪纸技艺的同时为用户展示了剪纸的方法，便于用户动手尝试，突出了这项技能的实用性，如图 7-29 所示

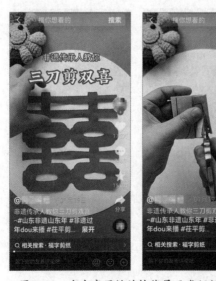

图 7-29　突出实用性的技能展示类短视频作品

（4）展示操作步骤

在众多知识技能类短视频中，有些短视频侧重于"教学"，即知识教学类短视频。这类短视频

通常会在开头处抛出该短视频所要教授的知识，随后利用短视频创作者所掌握的知识、方法进行具体教学。知识教学类短视频的拍摄方法大多很简单，比如常见的软件技能教学类短视频，短视频创作者为相应的操作步骤录制视频素材即可，如图 7-30 所示。

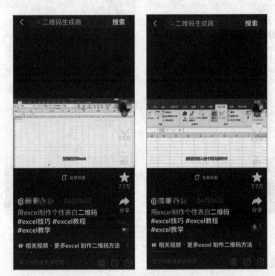

图 7-30　展示操作步骤的软件技能教学类短视频作品

（5）专业人士出镜

日常生活中，很多人有亟须解决的专业问题，却无处寻求帮助，因此，咨询解答类短视频应运而生，涉及领域广泛，如法律咨询、健康咨询、情感咨询等。咨询解答类短视频一般选用有专业资质的专业人士出镜，以提高短视频的可信度。除了专业资质，短视频创作者还可以对专业人士进行造型上的包装，如果有条件，尽量让专业人士身着专业服装出镜。比如，拍摄法律咨询类短视频时，出镜的专业人士最好能穿着职业正装、西装等出镜；拍摄健康咨询类短视频时，出镜的专业人士最好能穿着白大褂出镜，使用户更加信服。

7.4.2　知识技能类短视频的制作要领

对于知识技能类短视频而言，后期制作非常关键，无论是视频节奏的把控，还是字幕、配音的添加，都将影响短视频的最终呈现效果。下面以知识教学类短视频为例，为大家介绍知识技能类短视频的制作要领。

1. 剪辑清晰，步骤齐全

知识教学类短视频多为多步骤教学，一个知识点或一项技能中包含几个关键步骤，不能一蹴而就，因为知识教学类短视频的核心是将这些步骤完整演示给用户。以常见的软件技能教学类短视频为例，短视频创作者在进行后期剪辑时，要保证短视频中的每一个步骤都清晰地展现在用户面前，用户能够看清楚每个步骤分别使用了什么功能，以及对应的功能键在哪里。

例如，某软件技能教学类短视频作品中展示的每一个步骤都很清晰，短视频创作者专门对光标进行了特殊标识，使用户可以清晰地看到光标停在什么地方，如图 7-31 所示。

短视频拍摄与制作实训教程

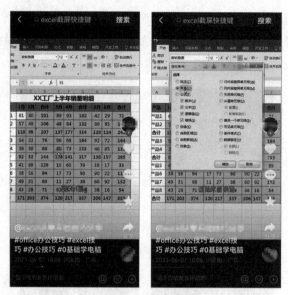

图 7-31　步骤清晰的软件技能教学类短视频

2.字幕、语速很重要

知识教学类短视频的字幕与画面是指导用户进行技能学习的两大关键，用户无法看清楚短视频画面中的操作步骤或不理解短视频画面中出现的某些词语时，便会寻求字幕的帮助。在知识教学类短视频中，字幕至关重要，后期制作时一定要为短视频添加字幕。知识教学类短视频的字幕应尽量覆盖完整的操作步骤，让用户更容易获取信息。

除此之外，在后期进行知识教学类短视频配音时，建议整体语速偏快一些，这样既能提高短视频的完播率，又能让用户在短时间内获得更多的"干货"知识。更加优化的处理方法是在不同的地方使用不同的语速，如在步骤讲解处语速不快不慢，让用户听清楚；在调侃、互动类的语句上适当加快语速，避免用户因为失去耐心而调整进度条或是放弃继续观看短视频。

> 提示　制作知识技能类短视频，短视频创作者不用过于循规蹈矩地分享知识、教授知识，应当开拓思路，结合在实际运用的过程中遇到的各类问题进行趣味性知识分享和教学。必要的情况下，可以使用特效，将知识点或操作步骤形象化，以便用户理解、学习。

 课堂实训

任务一　套用模板制作产品营销类短视频

大多数短视频平台和视频编辑App中有丰富多样的视频模板，如果短视频创作者暂时没有文案创作思路和后期处理思路，可以借助这些视频模板快速制作短视频。下面以剪映App为例，为大家介绍如何套用模板制作产品营销类短视频。

◉ **第1步** 打开剪映App，在剪映App首页点击"创作脚本"按钮，如图7-32所示。

◉ **第2步** 进入"创作脚本"页面，点击"好物分享"标签，可以看到很多好物分享主题的视频模板。点击"新建脚本"按钮，如图7-33所示。

图7-32　点击"创作脚本"按钮

图7-33　点击"新建脚本"按钮

◉ **第3步** 选择目标模板，点击"去使用这个脚本"按钮，如图7-34所示。进入脚本内容页面，按照脚本内容指示添加视频素材和字幕文本即可，如图7-35所示。

图7-34　点击"去使用这个脚本"按钮

图7-35　使用脚本

☞**提示** 脚本是短视频的创作大纲和内容框架，主要用来指导短视频作品的发展方向和拍摄细节。使用脚本，不仅可以提高拍摄效率，节约拍摄时间，降低拍摄成本，还可以确保作品的中心主题明确。

如果视频素材较多，可以为视频素材套用音乐、滤镜等模板，生成新的短视频作品，具体操作步骤如下。

⊙**第1步** 打开剪映App，在剪映App首页点击"剪同款"按钮，如图7-36所示。

⊙**第2步** 在搜索框中输入关键词"产品"，即可搜索到很多与"产品"相关的模板，如图7-37所示。

图7-36 点击"剪同款"按钮

图7-37 搜索与"产品"相关的模板

⊙**第3步** 点击目标模板，进入模板页面，点击页面右下角的"剪同款"按钮，如图7-38所示。

⊙**第4步** 跳转至作品创作页面，上传图片素材或视频素材后点击"下一步"按钮，如图7-39所示。

⊙**第5步** 完成以上操作，系统即可自动生成有字幕、音乐等内容的完整视频，如图7-40所示。点击页面右上角的"导出"按钮，即可导出编辑好的短视频作品，在短视频平台上进行发布。

图7-38 点击"剪同款"按钮

图7-39 上传图片素材或视频素材

图7-40 生成完整的短视频作品

任务二 美食类短视频的脚本创作

创作美食类短视频需要先创作拍摄脚本，再按照脚本拍摄、剪辑视频素材。创作美食类短视频脚本有几个关键点，首先要学会抓住用户的痛点；其次要营造有关美食的场景细节；最后要深入展示美食的细节。下面以美食制作类短视频为例，为大家介绍美食类短视频的脚本创作。

美食制作类短视频的拍摄对象通常有诱人的外观，而短视频应尽量充分展示食物的外观变化，以及简单易学的制作过程。这类短视频作品的脚本内容框架为开头讲述关键食材的准备要点，中间讲述关键烹饪步骤，最后以烹饪结果收尾。比如，拍摄一条制作牛肉面的短视频，其脚本内容至少包括 11 个片段及对应分镜，见表 7-1。

表 7-1　制作牛肉面的短视频脚本内容框架

片段	分镜	台词
介绍菜品	切牛肉	今天买了一块牛肉，自己在家做牛肉面
食材处理	清洗牛肉	将牛肉清洗干净
准备配料	展示配料	准备配料：葱、姜、八角、干辣椒、桂皮、香叶、白蔻、小茴香、花椒
牛肉焯水	牛肉焯水	牛肉冷水下锅，开大火煮开，煮开后撇去浮沫，把牛肉捞出备用
炒制牛肉	牛肉下锅翻炒并加配料	锅烧热倒油，下入牛肉，开大火煸炒，炒干水分之后下入配料，把火调小一点继续煸炒
制作汤底	制作汤底	碗中加入盐、鸡精、生抽、葱花
开始煮面	煮面	水开之后下入面条和蔬菜
出锅	出锅	面条煮好后先舀几勺面汤，再盛入面条
成品摆盘	加入牛肉	加入炒好的牛肉
成品展示	烹饪结果	这样，一碗好吃的牛肉面就做好了
教程分享	攻略回顾	喜欢吃牛肉面的朋友快试一试吧

 项目评价

学生自评表

表 7-2　技能自评

序号	技能点	达标要求	学生自评	
			达标	未达标
1	掌握产品营销类短视频的拍摄原则、拍摄要点和制作要领	1.能够说出产品营销类短视频的拍摄原则 2.能够掌握产品营销类短视频的拍摄要点 3.能够掌握产品营销类短视频的制作要领		

序号	技能点	达标要求	学生自评	
			达标	未达标
2	掌握生活记录类短视频（Vlog）的拍摄原则、拍摄要点和制作要领	1.能够说出生活记录类短视频（Vlog）的拍摄原则 2.能够掌握生活记录类短视频（Vlog）的拍摄要点 3.能够掌握生活记录类短视频（Vlog）的制作要领		
3	掌握美食类短视频的拍摄原则、拍摄要点和制作要领	1.能够说出美食类短视频的拍摄原则 2.能够掌握美食类短视频的拍摄要点 3.能够掌握美食类短视频的制作要领		
4	掌握知识技能类短视频的拍摄原则、拍摄要点和制作要领	1.能够说出知识技能类短视频的拍摄原则 2.能够掌握知识技能类短视频的拍摄要点 3.能够掌握知识技能类短视频的制作要领		

表 7-3　素质自评

序号	素质点	达标要求	学生自评	
			达标	未达标
1	洞察能力	1.具备敏锐的观察力 2.善于搜集有用的资讯		
2	总结归纳能力	1.具备较强的分析能力 2.逻辑思维能力强，善于整理相关资料并加以总结归纳		
3	独立思考能力和创新能力	1.遇到问题善于思考 2.具有解决问题和创新发展的意识 3.善于提出新观点、新方法		
4	实践能力	1.具备社会实践能力 2.具备较强的理解能力，能够掌握相关知识点并完成项目任务		

教师评价表

表 7-4　技能评价

序号	技能点	达标要求	教师评价	
			达标	未达标
1	掌握产品营销类短视频的拍摄原则、拍摄要点和制作要领	1.能够说出产品营销类短视频的拍摄原则 2.能够掌握产品营销类短视频的拍摄要点 3.能够掌握产品营销类短视频的制作要领		
2	掌握生活记录类短视频（Vlog）的拍摄原则、拍摄要点和制作要领	1.能够说出生活记录类短视频（Vlog）的拍摄原则 2.能够掌握生活记录类短视频（Vlog）的拍摄要点 3.能够掌握生活记录类短视频（Vlog）的制作要领		
3	掌握美食类短视频的拍摄原则、拍摄要点和制作要领	1.能够说出美食类短视频的拍摄原则 2.能够掌握美食类短视频的拍摄要点 3.能够掌握美食类短视频的制作要领		
4	掌握知识技能类短视频的拍摄原则、拍摄要点和制作要领	1.能够说出知识技能类短视频的拍摄原则 2.能够掌握知识技能类短视频的拍摄要点 3.能够掌握知识技能类短视频的制作要领		

表 7-5　素质评价

序号	素质点	达标要求	教师评价	
			达标	未达标
1	洞察能力	1.具备敏锐的观察力 2.善于搜集有用的资讯		
2	总结归纳能力	1.具备较强的分析能力 2.逻辑思维能力强，善于整理相关资料并加以总结归纳		
3	独立思考能力和创新能力	1.遇到问题善于思考 2.具有解决问题和创新发展的意识 3.善于提出新观点、新方法		
4	实践能力	1.具备社会实践能力 2.具备较强的理解能力，能够掌握相关知识点并完成项目任务		

思政园地

借助短视频传播传统文化、培育文化自信

随着短视频的盛行，长期沉寂的传统文化借助短视频平台得以"热"传播，李子柒系列短视频便是典型个案。短视频不仅为中外观众提供了观看、了解和体验中国传统古风"新生活"和怀旧"新乡愁"的机会和典型镜像，而且为大众文化自信的培育和提升做出了不容小觑的贡献。

从参与式文化传播的角度看，传统文化短视频使得大众参与到了传统文化的生产和传播之中，传统文化的生产关系因此发生变化。可以说，蜚声中外的李子柒系列短视频只是众多传统文化短视频"热"传播浪潮中的一朵璀璨浪花，大量传统文化短视频已在各类社交媒体空间里成为爆款，让书画、传统工艺、戏曲、武术、民乐等多种形态的传统文化表达重返人们的日常交流与实践。这种大众参与式的文化传播所呈现的特征与方式、影像的广度与深度是前所未有的，不仅彰显了普通用户的主体性作用，也促进了传统文化的创造性转化与创新性发展。

中华优秀传统文化不仅能够给人的心灵以熏陶和涵养，还能够奠定新时代健康社会心态培育的传统文化基础，为其提供更为持久、更深层次的滋养，是涵养健康社会心态的重要工具之一。从这个意义上看，李子柒系列短视频的文化自信培育，是一种基于优秀传统文化的心灵熏陶和涵养，它不仅能够给观众以精神层面的滋养，更能够培养观众自尊自信、理性平和、积极向上的生活态度和健康心态。

请针对素材内容，思考以下问题。

①谈一谈短视频对传播传统文化、培育文化自信的重要意义。

②如何真正让短视频成为激发传统文化市场活力和培育国民文化自信的有效媒介？

课后习题

①拍摄与制作一条生活记录类短视频（Vlog）。完成拍摄与制作后，写下拍摄与制作过程中的得与失。

②拍摄与制作一条美食类短视频。完成拍摄与制作后，写下拍摄与制作过程中的得与失。